站在巨人的肩上
Standing on Shoulders of Giants

iTuring.cn

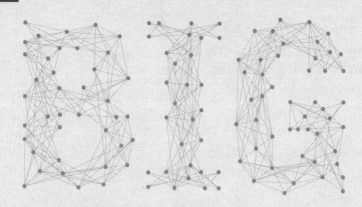

走进大数据

组织如何推进大数据战略

【韩】张东麟 著　武传海 译

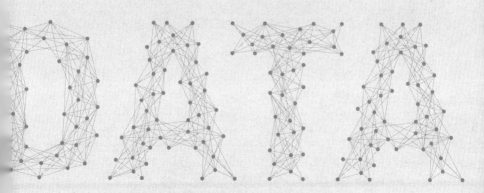

人民邮电出版社

北京

图书在版编目(CIP)数据

走进大数据:组织如何推进大数据战略 /(韩)张东麟著;武传海译. -- 北京:人民邮电出版社,2016.11

ISBN 978-7-115-43805-8

Ⅰ.①走… Ⅱ.①张… ②武… Ⅲ.①数据处理－研究 Ⅳ.① TP274

中国版本图书馆CIP数据核字(2016)第254059号

内 容 提 要

本书从最切实可行的大数据方案选择方法着手,面向不懂大数据相关概念、不知道如何将大数据项目引入何种领域的IT团队和实际经营团队,以自己的实际经验为基础,创立并介绍了大数据项目构建方法。帮助需要引入大数据项目的所有企业解决核心课题,以顺利开展大数据项目,并避免运行过程中出现过多失误,实现正确的策划和执行。书中收录了大数据分析与研究案例、企业引入大数据项目时发生的实际问题、策划及运营过程、实际分析时需要的技巧等,利用清晰的图表和示意图直观反映了核心法则和原理。

◆ 著　　　　[韩] 张东麟

　　译　　　　武传海

　　责任编辑　陈　曦

　　责任印制　彭志环

◆ 人民邮电出版社出版发行　　北京市丰台区成寿寺路11号

邮编　100164　电子邮件　315@ptpress.com.cn

网址　http://www.ptpress.com.cn

三河市海波印务有限公司印刷

◆ 开本:880×1230　1/32

印张:10.25

字数:217千字　　　　　　　　2016年11月第1版

印数:1–3 000册　　　　　　　2016年11月河北第1次印刷

著作权合同登记号　图字:01-2015-3696号

定价:39.00元

读者服务热线:(010)51095186转600　印装质量热线:(010)81055316

反盗版热线:(010)81055315

广告经营许可证:京东工商广字第8052号

版 权 声 明

前言

如何引入大数据思维、构建大数据项目以及应用大数据战略

我在思考"企业、政府、公共机构如何引入大数据思维"这一难题的过程中写成了本书。谈论"大数据"的人很多，但一提到实际应用，大部分人都置身云里雾里，摸不着头脑。对"大数据"的赞美之词并不会为想引入、构建大数据项目的人提供任何帮助。即使阅读相关书籍并向那些具有大数据项目构建经验的人请教，也会感到一头雾水，茫然不知所措。随着学习的深入，人们会感到"大数据"整体概念越来越难。

"大数据"整体概念为什么有难度

因为"大数据"的基本概念本身就具有一定难度，它具有多种形态，是多种专业领域的大数据技术与各种 IT 技术相融合的典型代表。

由于"大数据"概念涵盖多种专业领域，即使是我们所说的"大数据专家"也只能从某个视角对其进行评价，而无法兼顾所有领域。因此，人们看到的"大数据"往往侧重某一领域。

何为"大数据"

首先，"大数据"概念始于 IT 行业，它发端于分布式系统（Hadoop）、NoSQL 等技术。但即使如此，只从 IT 层面谈论"大数据"概念仍然存在着一定局限性，IT 只是用于存储、处理大数据的一种技术而已。那么，融合于 IT 的"大数据"技术是什么呢？大数据不仅具备庞大的数据信息量，而且生成速度非常快，数据种类繁多，比如未经处理的图像、视频、位置信息和文本等。

"大数据"概念包含什么内容

根据自身包含的内容不同，"大数据"的具体概念也各不相同。依据不同行业，"大数据"可以划分为金融、物流、通信、制造和公共事业等种类，也可以依据数据来源（如智能手机、传感器和日志等）进行划分。比如，从汽车传感器获取的数据与从工厂测量设备获取的传感数据是不同的。同样，根据格式、属性、领域和来源等的不同，分析大数据的方法也多种多样。

但更重要的是引入大数据思维的目的，即我们想通过大数据分析获得什么。当然，大数据分析的目标也是非常多样的。

哪些大数据项目适合自己的企业

对于如此多样且瞬息万变的大数据概念，若只从一个领域谈论，那么无论采用何种方式，我们看到的也不过是冰山一角。若采用常规存取方法引入大数据，或者照搬他人的做法，只会招致失败，因为他人采用的数据与我们企业自身拥有的数据存在巨大差异。因此，在种类如此繁多的大数据概念中，必须找到只适合自己或自身企业的大数据。

如上所述，大数据概念的多样性也意味着获取大数据的人非常多样化。企业的情况也是一样，它们会根据自身背景与目的获取大数据。因此，想引入大数据项目的企业必须进行沟通和理解，为达成不同访问者的不同目的而努力。这也是"大数据"思维的基本常识。

如何获取大数据

目前，想要引入大数据项目的企业在成立工作小组后，通常会将其纳入 IT 部门，其他相关部门则几乎不会提供帮助。如果 IT 部门负责大数据工作组的工作，其他部门会积极配合吗？他们相互间能够很好地沟通理解吗？每个企业在沟通上都会出现这样的问题，这些问题会导致企业大数据战略的失败。

大数据战略可以应用在何处

这是实施大数据战略时一定会产生的疑问。在我访问的数百家企业中，每当谈论"大数据"战略时，企业负责人总是会提出相同的问题：

"要将大数据战略引入我们企业的哪些部门呢？"

为什么所有企业都会问这个问题呢？其实这个问题应该由企业在职员工回答，但他们的回答都很一致：

"我对大数据战略一无所知，怎么会知道要把它应用在哪里呢？"

话虽如此，但IT组不懂业务，业务组不懂IT技术，那究竟应该如何解决这个问题呢？这是所有要引入大数据项目的企业都要面对的问题。只有解决了这个问题，才能开始实施大数据战略。这个问题也困扰了我很长时间，所以我将在书中为大家展示解决这一难题的方法——大数据课题实施方法。

如何推进大数据项目的实施

即使企业历经周折成功启动了大数据项目，其中的风险也并未因此而消除。由于"大数据"概念涵盖多个专业领域，实施时必然要由多个领域的人员共同进行，那么问题在哪里呢？显而易见，不同领域的人在相互沟通和理解的过程中会产生诸多问题。大数据项目的实施要经过哪些过程与阶段才能达到预期目标呢？这也是我一直关注的问题。我曾经在大数据项目实施过程中见证了太多的错误计划与推进过程，以这些经验为基础，我总结出了书中提出的大数据项目构建方法。

如何灵活应用大数据分析结果？

开展大数据项目后还有最后一个陷阱，就是分析大数据后得到的结果没有应用于实际业务，而仅用作参考。此时，我们应该重新思考引入大数据思维的目标。为什么要耗费资源构建大数据系统，又要克服困难进行大数据分析呢？难道只是为了将大数据分析结果交给企业管理层，并听他们说"谢谢，我会参考的"吗？大数据终究只是大数据，实际决策时还是要依靠管理者的经验与直觉，而我们引入大数据思维的目的就是"依据数据进行科学决策"。如果只想将大数据当作决策时的参考，那为什么要引入大数据思维呢？从根本上讲，这种出发点就是错误的。要想解决这个问题，必须改变企业的决策文化。否则，几年之后就会意识到这样的大数据系统毫无意义。

希望可以为解决大数据项目实施中的难题提供一些指导

有人将"大数据"称为"21世纪的石油"，我觉得这是非常好的比喻。但要想获得这样的效果，企业必须克服数不尽的难关。谨以此书献给那些即将踏上"大数据"这一艰难旅程的朋友，他们将要经历的艰辛于我而言仍然历历在目。作为过来人，我希望将我遇到的诸多困难提前与大家分享。希望各位在遥远而充满艰辛的旅途中不要放弃或误入歧途，顺利征服"大数据"这座高山，我在此为你们加油鼓劲。

本书读者

本书从"大数据"概念入手,内容涉及大数据项目实施中的问题及相应的解决方案,以及为了选择适合自己企业的大数据项目而进行的分析模型与数据系统的构建和设计方案等。以下几类读者通过本书将会在大数据项目实施与应用等方面得到实质性的帮助。

 想引入大数据思维的企业或公共机构管理人员及在职负责人

本书是为那些想实施大数据战略的企业或公共机构管理人员而写的,所以不仅适合企业的电算部门,同样适合企业决策人及在职负责人。

策划、统计、分析、营销、宣传、商务和 IT 开发领域的业务负责人

从大数据思维的引入到实际应用,每个部门和每个级别的员工都要有一致的理解。本书有助于使参与大数据项目的所有成员达成共识,因为这种常识性的结论与大数据战略最终能否成功引入和应用存在着直接的联系。

学习大数据技术的大学生

正在学习大数据技术的大学生，通过本书可以感受到理论上的大数据技术与现实中困扰企业的大数据问题之间的差异；对于那些将来想从事大数据相关工作的大学生，本书可以为其指明今后的学习方向以及要做的准备。

 想学习各种大数据系统应用案例的朋友

本书内容涉及多种大数据系统应用案例，包括最新 IT 趋势、大数据系统应用案例分析以及社交媒体分析等，可以为那些对大数据系统应用案例及应用方案感兴趣的读者提供帮助。

本书结构

第 1 章　　**IT 趋势与数字商务**

　　这一章主要介绍当前 IT 趋势与新兴的数字商务。无论多么成功的跨国企业，如果跟不上 IT 发展的趋势，将很难生存。这一章通过创新成功的企业与失败企业的案例，讲解企业创新过程中如何应用大数据。

第 2 章　　**大数据分析趣味实例**

　　这一章从大数据背景知识开始，为读者讲解"大数据"相关的多种概念。虽然听说过许多大数据系统应用实例，但大部分人仍然不知道"大数据"如何对自己的工作产生帮助。因此，这一章将通过使用免费的大数据系统应用工具对实际案例进行分析。

第 3 章　　**分析广泛应用的社交媒体**

　　社交媒体的巨大力量使得对其的分析也变得格外重要。对社交媒体进行分析时，需要非常仔细，这一章将讲解分析社交媒体时的重要检查点、分析过程以及灵活应用分析结果的方案。

第 4 章　引入大数据项目时的常见问题

从引入大数据项目起，无论哪家企业都会遇到一些相同的根本性问题，解决这些问题是相当困难的。企业管理层、业务负责人和财务部门对大数据概念的不同理解会使大数据方案的实施陷入困境，这一章将介绍解决这些问题的方法。

第 5 章　大数据方案选择方法

所有大数据项目负责人都会问一个相同的问题："我们企业应该在哪些领域引入大数据项目呢？"这一章将介绍如何选择符合自己企业的大数据方案。

第 6 章　具有竞争力的大数据分析

这一章展示大数据分析与传统统计分析不同点的同时，从擅长大数据分析的 Netflix 和亚马逊的具体案例入手，对大数据分析工具、数据来源以及基于云计算的大数据分析方法进行说明。

第 7 章　大数据技术与 IT 技术

大数据技术与 IT 技术之间有着不可分割的联系，这一章首先对大数据技术与传统 DW/BI 技术的不同点进行分析，针对如何将大数据技术灵活运用于传统 DW/BI 中的方案进行探讨和思考。此外，对大数据技术的体系结构、各组成部分的作用、实际产品与解决方案以及由韩国开发并广泛应用于世界的各种大数据工具也将进行详细介绍。

第 8 章　大数据项目构建方法

这一章从大数据系统应用角度分析构建大数据项目的方法，同时结合第 5 章提到的大数据方案选择方法。

附录

我参加了 2014 年 10 月 15 日于美国纽约举办的世界最大的大数据活动 Strata Hadoop World，以及 2014 年 10 月 19 日在纳什维尔召开的 Teradata PARTNERS Conference，并对所有会议内容进行了详细记录。与本书正文内容相结合，希望这个会议记录能够帮助各位更好地把握大数据技术的全球化趋势。

大数据小问答

在各章结尾对全章内容进行总结，并以测验题形式为读者提示必须牢记的重要事项。虽然这些测验题并不难，但对学习"大数据"相关知识的朋友非常有帮助。

目录

第 2 章　**大数据分析趣味实例**

第5章 **大数据方案选择方法**

第 6 章　具有竞争力的大数据分析

第7章 大数据技术与 IT 技术

第 8 章 大数据项目构建方法

大数据小问答…262

| 附录 | **通过行业大会了解大数据技术发展趋势** |

BIG DATA

第 1 章

IT趋势与数字商务

当前的IT趋势可以归结为社交网络、移动技术、大数据、云计算和物联网五大技术，这些技术并不是独立的，而是为了商业创新而存在。数字商务是这个时代的新型商业模式，为了获得智能手机用户的青睐，必须改革旧的商业模式。跨国IT企业如果能够引领IT趋势，则必然会获得巨大成功，否则将很难生存。因此，韩国企业也必须积极寻求改变，以便更好地适应数字商务。最有效的解决方法就是灵活运用上述五种技术，不断进行创新。大数据技术也是企业创新并打造企业数字化的重要手段。

1.1 IT 大势与未来核心技术的出现

从信息技术的发展过程看，IT 的发展给商业变化带来了巨大的影响；同时，商业变化又进一步推动了 IT 技术向前发展，这种发展与变化大致以 10 年为周期。技术发生变化时，主导这一变化的企业和扮演追随者的企业就被区分开来，能够主导变化的企业自然成为赢家，反之则必然落败成为输家，无法摆脱企业规模缩小或衰落的命运。

表 1-1　各时代 IT 及商业变化

年代	商业关键词	IT	信息处理方式	赢家	输家
20 世纪 80 年代以前	集中商务	IBM 大型机、SNA、IMS DB	中央集中式	IBM	Sperry、Univac、CDC、霍尼韦尔
20 世纪 90 年代	缩小化	分布处理、RDB、TCP/IP、UNIX、RDBMS、PC	分布处理方式	甲骨文、思科、惠普、微软、英特尔	IBM
21 世纪 00 年代	电子商务	互联网、ERP、CRM、电子商务	中央集中式	甲骨文、SAP	Old ERP
21 世纪 10 年代	数字商务	社交网络、移动技术、大数据、云计算、物联网	分布与集中混合方式	谷歌、苹果、亚马逊、赛富时、三星	全球 IT 厂商

1.1.1 始于 IBM 大型计算机的中央集中式商务处理方式

仔细观察表 1-1 列出的各年代 IT 及商业变化情况可以发现，截至 20 世纪 80 年代，企业中使用的所有 IT 产品全部都是 IBM 生产的。当时排名第 2~100 位的 IT 企业的全部销售额也不及 IBM 销售额的一半。由于当时并没有统一的标准，所以人们使用最多的计算机，即 IBM 的产品就成为行业标准。因此，与 IBM 产品不兼容的其他产品几乎无人问津。

IBM 能够成功是因为它具备名为 SNA（Systems Network Architecture，系统网络架构）的网络协议，该协议能够将各种 IBM 产品与单一操作系统和多种 IBM 设备相互连接。美国多地现在还在使用 IBM 的大型计算机，由于所有数据集中在一处进行处理，所以非常适合中央集中式商业模式。因此，航空公司、银行、信用卡公司和保险公司等的中央集中式业务只能选择使用 IBM 大型机。

1.1.2 在"减员增效"浪潮中成为业界翘楚：甲骨文、思科和惠普

进入 20 世纪 90 年代，可以代替 IBM 产品及技术的中型机、UNIX、TCP/IP 和 RDBMS 陆续出现，这些中型机发展势头十分强劲，而且比 IBM 大型机价格更低廉。特别是 RDBMS（Relational DataBase Management System，关系型数据库管理系统），它使用标准 SQL 语

言，所以与 IBM 大型机中使用的 IMS（Information Management System，信息管理系统）DB 相比，编程更加容易。并且，SQL 的生产效率比 IMS DB 至少提高了 5 倍，这是一种革命性的进步。此外，TCP/IP 标准通信协议可以兼容任何公司的网络设备，而 IBM 的 SNA 只能用于 IBM 的设备。伴随着这种变化，网络设备价格开始下降，UNIX 中型机操作系统成为新的业界标准。随着设备之间的兼容性不断提高和价格的不断下降，IBM 的堡垒开始崩塌，这也促使由中央集中式商务处理方式向分布式处理方式转变。与此同时，引入分布式处理方式的商业世界中，悄然掀起了"缩小化"（Downsizing）的浪潮。"缩小化"并不仅指缩小业务规模，更重要的是用分布式处理方式取代原有的中央集中式处理方式，这样更加贴近客户，使业务更灵活。20世纪 90 年代，分布式处理方式取得了巨大成功，当时引领 RDBMS 市场和 TCP/IP 市场的甲骨文、思科，以及引领 UNIX 时代的惠普都成长为业界翘楚。

1.1.3　微软开启个人 PC 时代

20 世纪 90 年代也是个人 PC 时代，虽然 PC 出现于 20 世纪 80 年代，但进入 90 年代才有了迅猛的发展。个人也可以使用计算机，这不亚于一场革命。随着用户的增加，硬件、软件和网络市场的规模也随之扩大，个人 PC 搭载的硬件性能越来越高，PC 机也成为有效提高个人业务能力的工具。当然，这个市场的领导者非微软莫属。

1.1.4 大数据技术的起点：Hadoop 的诞生

21 世纪第一个 10 年中，网络对企业业务产生了巨大影响。只要有一个 Web 浏览器，就能访问企业的所有系统。顾客的购买习惯也发生了变化，人们消费前通常会先在网上进行搜索，从而选择价格最低的商家。随着网络商城的出现，商家的卖场运营成本及库存压力大大减少，同类商品价络也比实体店低廉很多。互联网使企业的大部分活动都发生了改变，当时将这种革命性的商业变化称为"电子商务"。

在这个时期，以检索为主要业务的门户网站迅速发展壮大，其核心业务是提供基于关键词排序的搜索广告，根据网络用户对广告的点击次数收取费用。但巨大的点击量使人们无法通过传统的 RDBMS 技术进行计算，所以一种新的技术应运而生，这就是 Hadoop。Hadoop 技术可以在成百上千台计算机上同时处理海量数据，它也是大数据技术的基石。（2005 年，雅虎的 Doug Cutting 首次开发了 Hadoop，并于 2006 年捐献给 Apache 软件基金会且公开了源代码。此后，Hadoop 一直由 Apache 软件基金会进行后续开发。）

1.1.5 量产大数据的智能手机触发移动时代

2010 年之后，智能手机诞生，就像 21 世纪初期网络引发商业模式改变一样，智能手机的诞生使商业模式再次发生变化。即使在移动过程中，人们也可以随时掏出智能手机搜索商品并比价，同时实现购买。这意味着，强调现场性、实时性的移动时代已经到来。

借助智能手机，人们在移动过程中也可以进行交流，而之前使用PC 的沟通很大程度上会受到时间和空间的限制。现在，人们可以使用智能手机将拍摄的照片立即上传到 SNS（Social Network Service，社会网络服务），甚至可以同时分享手机位置信息，与成千上万的人进行实时沟通。因此，SNS 的发展也可以称为"另一场革命"。随着 SNS 的推广，"大数据"这一概念随之出现。人们入睡前都不会离手的智能手机与上世纪 90 年代使用的中型计算机性能相当，但智能手机产生的数据量超乎想象，无法使用传统 IT 技术进行处理。虽然在智能手机时代到来前，大数据技术已经存在，但它只应用于特定领域。随着智能手机的推广，SNS 日益发展，大数据技术也开始得到广泛应用。最终，从 2005 年起，大数据技术逐渐成为人们关注的焦点。

1.1.6 将企业 IT 资源最大化：云计算热潮

企业 IT 资源通常会根据年中最高使用峰值（Peak time）进行设计，这样设计是因为，系统如果无法处理峰值期的海量数据就可能瘫痪。一般来说，平时的使用量只占全部容量的 20%，剩余的 80% 则处于闲置状态，用于对所有系统进行备份，以应对紧急情况。由此可见，企业的 IT 资源利用率非常低。

为了提高企业的 IT 资源利用率，人们研发了中央巨型计算机系统，以供企业所需或者峰值期时使用，只需支付与使用量相应的费用即可，这就是云计算。现在云计算在美国炙手可热，政府机关率先将系统迁移到云平台，由第三方机构（ISO 27001、SAS70）进行完全监管，这样的认证制度打消了人们对云计算安全的顾虑。

1.1.7 产生更多大数据的传感器时代即将到来

我们即将迎来传感器时代，即物体与互联网相连接的物联网时代。与谷歌眼镜、三星的 Galaxy Gear 等一样，各种可穿戴智能设备受到人们的广泛关注。借助智能手机内置的蓝牙 4.0（Bluetooth Low Energy）和 Beacon 技术，可以搭建反映建筑内顾客位置的 IPS（Indoor Positioning System，室内位置追踪系统）。不仅如此，互联网汽车技术（Connected car）、与互联网相连的智能家电以及与医疗设备相连的传感器技术也开始普及，人们在建筑物、道路、桥梁等各处安装传感器，同时开发了大量与之相关的应用程序。智能手机产生的大量数据为我们迎来了大数据时代，传感器的应用也将产生大量数据，所以它必然也将与大数据技术息息相关。

1.1.8 未来核心技术：社交网络、移动技术、大数据、云计算、物联网

之前的内容可概括如图 1-1 所示。

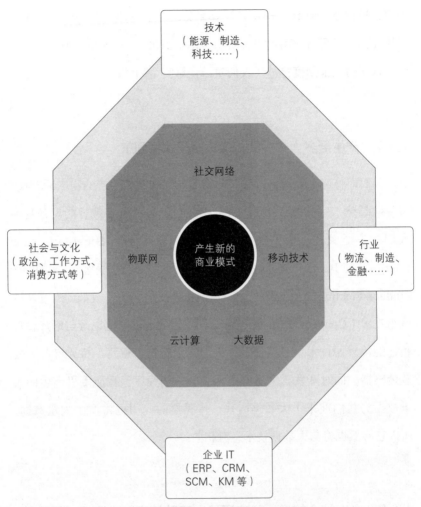

图 1-1　2015 年 ICT* 展望：技术加速商业变化

*ICT（Information Communication Technology，信息通信技术）

　　从现在开始，社交网络、移动技术、大数据、云计算和物联网（万联网）将成为人类创造未来的五大技术。这些技术虽然看起来是独立发展的，但实际商务应用时将其彼此结合，能够形成全新的商业模式。这五项技术将对企业商务活动和社会、文化产生深远影响，将来还会对能源、制造、科技以及各产业领域中的企业 IT 与企业文化产生巨大影响。那么，这些影响将以何种方式产生呢？其答案在高德纳 IT 研讨会上谈及的数字商务中得到了具体的体现。

1.2　始于大数据技术的创新：数字商务

我曾经参加过 2012 年 10 月在美国奥兰多举行的高德纳 IT 研讨会，这是 IT 界最具盛名的会议，与会人员必须支付高德纳注册费、机票费、食宿费等费用，共计约 8300 美元。即便如此，大会还是吸引了约 12 000 名参会者，主要是跨国企业的 CIO、团队负责人。

图 1-2　2012 年高德纳 IT 研讨会开幕式现场

此次大会上，担任高德纳公司研发部副总裁的 Mary Mesaglio 谈到了乐购（Tesco）在韩国的发展，认为其是未来数字商务的一个成功案例。

"韩国的乐购使人们在地铁内也可以购物，顾客只需扫描地铁站台上所贴的二维码进行订购，所购商品就会被快递到家中。这是一个典型的数字化商务案例。"

图 1-3　高德纳研发部副总裁 Mary Mesaglio 在 2012 年 IT 研讨会上提到的韩国地铁宣陵站虚拟商店

1.2.1　同时提供优质产品体验与最低价格才能引发购买行为

人们之前使用 PC 搜索最低价格并在网上进行购物，但购买衣服、鞋子等这类必须试穿的商品时，经常会有一定的困难。随着智能手机的出现，人们的购物方式也发生了变化。在百货商店或超市看到喜欢的衣服、鞋帽时，聪明的顾客会先试穿但不会现场购买，而是用智能手机上网搜索同款商品，选择价格最低者后直接在手机上下单。

此处需要思考的是消费者购买行为的变化。到目前为止，消费者购买行为的变化也为物流业带来了很大改变，其中最大的变化就是通过网络实现的开放市场。在网上购买商品无法像在实体店中一样直接触摸，也无法试穿。但现在的智能手机用户购买商品时，会先到线下实体店进行试穿并体验商品，然后使用智能手机上网搜索同款商品，选择价格最低的渠道进行购买，如图 1-4 所示。面对如此聪明的消费者，商家之前使用的销售策略不再灵通，也无法阻止人们购买价格更低的商品。因此，只有线上、线下同时提供最低价的商品，才能促成消费者的购买行为。这种现象称为"展厅现象"（Showrooming），"展厅现象"是传统物流行业必须解决的巨大课题。

图 1-4　展厅现象

出处：http://www.forbes.com/sites/marketshare/2012/11/21/retailers-see-a-5-percent-loss-due-to-showrooming-this-thanksgiving-and-beyond/
短链接：http://goo.gl/n3m5B

1.2.2　Beacon：融合物联网、大数据分析、移动通信等技术

面对消费者购买行为的变化，市场营销人员也开始积极寻求相应的解决方法，其中之一就是应用了 Beacon 技术的 IPS。图 1-5 是 SKT 推出 Beacon 产品时制作的影像资料。

图　1-5

出处: https://www.youtube.com/watch?v=falGxLrG6qc
短链接: http://goo.gl/ozepgc

　　事实上，人们长期以来一直尝试使用多种技术进行 IPS 的研发。最近，通过最新的蓝牙 4.0 技术，在室内或运动场等开阔地域中也能实现位置追踪。传统的 GPS 只能提供室外二维位置信息，而蓝牙 4.0 技术即使在室内也能提供三维位置信息。目前，Galaxy S3、iPhone 4S、Optimus G Pro 及之后的机型都已经内置蓝牙 4.0 功能。通过 IPS 系统可以在百货商场或超市里掌握顾客的位置，顾客乘电梯上行时，IPS 系统可以识别顾客身份，并提供顾客偏好或消费过的卖场降价、打折及优惠等信息。此外，还能从网络上实时收集商品的售价信息，以最低廉的价格向顾客报价。然而，要提供这样的服务，需要顾客的智能手机开启蓝牙功能，并同意提供自己的位置信息。虽然会有不愿意共享自己位置信息的顾客，但如果能够收到新的购物信息，也会有很多人愿意提供。但此时，这些愿意提供位置信息的顾客很有可能成为让营销人员苦恼的对象。因为只有了解顾客购买行为的变化并为其提供一对一的个性化服务，物流业才能生存。目前，诸如此类的服务已经可以实现。

对这样的服务进行更深入的思考后就会发现，追踪顾客的位置信息固然重要，但更重要的是利用顾客以前的购物信息分析其购物取向，从而提供相应的降价、打折及优惠信息。使这一切成为可能的就是大数据技术，因为以物联网、大数据分析和移动通信等技术为基础的Beacon技术就是营销服务之一。

Beacon技术应用相当广泛。例如，在机场可以利用Beacon技术事先掌握乘客的位置信息，工作人员可以更容易地找到错过登机时间的乘客。免税店可以对顾客过去的购买行为进行分析，从而为其提供准确的营销信息和报价。由于现代建筑逐渐呈现复杂化、大型化和高层化的趋势，这样的室内位置追踪系统可以广泛应用于体育馆、博物馆、会展中心、购物中心、学校、公司等大型建筑。当然，从保护个人信息与个人及公共利益的层面上看，这种做法可能引发冲突。例如，在百货商场、大型购物中心等场所，提供个人所需的打折及优惠信息前，必须先向顾客询问是否愿意开启蓝牙功能。Beacon技术的应用虽然可能在个人信息泄露与个人或公共利益之间引发冲突，但从促进商业进一步升级的层面上看，该技术将会在更多领域得到应用。

1.3　陷入危机还是成功创新：跨国 IT 企业与 IT 趋势

2012 年 10 月举行的高德纳 IT 研讨会上，思科总裁约翰·钱伯斯预言，目前 6 大跨国 IT 企业 5 年后将只剩 3~4 家，但他并没有说明是哪 6 大跨国企业，也没有指出哪几家企业将被淘汰。现在称得上跨国 IT 企业的有 IBM、微软、甲骨文、思科、SAP、惠普，这些企业都曾经风靡全球，但从目前情况看，它们已经不再像过去那样风光。不仅如此，其中的一些企业正面临着严重的危机。

1.3.1　云计算领域

提供这个时代所需的云算计服务的众多供应商中，IBM 首屈一指。从现有客户及拥有的技术看，也可以称其为"开启云时代的企业"。但云计算领导者的地位最终落到了亚马逊手中，更准确地说，应该是 IBM 眼睁睁地看着亚马逊逐步发展为云计算的领导者。那么，为什么 IBM 那些世界顶级的 CEO 们不努力抢占云计算市场呢？

因为他们担心会发生侵蚀效应，即品牌替换（Cannibalization），新产品会挤占本公司原有产品的市场。假如你是 IBM 公司的总裁，你就不会对需要购买 1000 台计算机的客户说："现在您可以只购买 200 台，其余的可以根据实际需要使用我们公司的云服务，而且根据使用量交费即可。"可想而知，这样与客户沟通的结果就是销售额会立刻下降，无法向董事会交代。IBM 的失误还远不止于此。IBM 将 PC 业务与 x86 服务器业务销售给了中国的联想公司，虽然出售的是收益不高且配置较低的服务器业务，但此事件其实也可以视为 IBM 主动放弃了未来创新的机会。联想由此一跃成为跨国性的计算机企业。根据预测，今后的计算重心将会从中型计算机转移到 x86 服务器，这对于 IBM 将是个重大损失。

1.3.2 移动领域

微软在 20 世纪 90 年代开启了 PC 时代，同时通过 Windows 与 Office 软件获得了巨大成功，但在推出智能手机操作系统以试图引领移动市场的尝试中失败了。微软将智能手机视为小型 PC，而将 PC 版 Windows 系统转换为智能手机 OS 时，精简和删除了一些功能。因此，Windows 移动版可以称为 PC 版 Windows 的精简版。智能手机市场中，微软无法再实现突破。虽然操作系统在 PC 上运行良好，但在智能手机这样的新硬件载体上暴露出很多 Bug。早期的 Windows 手机用户肯定有过通话突然中断，然后只能抠出电池重新开机的经历。这都是由操作系统 Bug 引起的。

微软未能开创新的智能手机市场，随着 Windows 移动版的失败，其在移动市场的位置也被 Android 与 iOS 取代。但微软的失败不只在于智能手机市场。继智能手机之后，Android 与 iOS 在平板电脑市场也获得了成功，甚至开始威胁到笔记本电脑市场。客户开始逐渐放弃搭载 Windows 的笔记本电脑，转向平板电脑与智能手机。对微软来说，这一现象非常具有威胁性。对此，微软自主开发了 Surface 平板电脑，同时收购了诺基亚，全力进军智能手机市场。但现在看来，这一决策的前景并不乐观。

1.3.3 大数据领域

甲骨文作为一家专业的数据库公司，对数据的理解比其他任何企业都更深入。然而令人意外的是，它竟然不是大数据领域的领导者。甲骨文并不关注 Hadoop 开源软件，在其看来，开源软件完成度低、无法提供灵活的技术支持，不可能获得巨大成功。但尽管这样，甲骨文并未进行取代 Hadoop 的数据库技术的研发。与应用于昂贵的中型计算机的甲骨文软件不同，Hadoop 的魅力在于，其研发初衷是可以在价格低廉的 x86 服务器与通用磁盘驱动器上运行。以后的大数据市场中，甲骨文如何应对将非常值得关注。

1.3.4 物联网领域

思科也未能有效抵挡中国通信设备业的强者——华为的"攻势"。随着通信设备制造技术逐渐普及，华为以巨大的中国通信设备市场为基础，逐渐成长为跨国企业。目前的智能手机设备市场中，华为名列世界第 3~4 位，这严重威胁了掌控世界通信设备市场的思科的霸主地位。目前，思科公司正在物联网领域进行着积极的努力，希望能够再次引领时代。

1.3.5 ERP 及内存数据库领域

SAP 公司是 ERP 领域的翘楚，但由于大型跨国企业都已经引入ERP 系统，所以几乎不可能再发展新的大客户。因此，为原有 ERP 客户提供新价值就变得非常重要。SAP 公司正计划以移动网络、大数据、云计算技术为基础推出多种服务，但这样做能否增加销售额还有待关注。2005 年，SAP 公司收购 TIM 公司（Transaction in memory，首尔大学车尚钧教授创办的校内风投企业）后，推出了名为 Hana 的内存数据库并在全球推广，这非常值得关注。所有数据库通常都是基于磁盘创建的，而内存数据库则基于主存储器创建。主存储器的读写速度比普通磁盘快数千倍，所以内存数据库必然比现在的磁盘数据库快很多。之前由于内存价格昂贵，所以一直未能实现内存数据库的制造。但现在内存价格大幅下降，内存数据库今后很有可能得到广泛应用。当然，内存数据库并非只有 Hana，韩国国内已经开发了几种内存数据库。Hana 在 SAP 公司的未来路线图规划中处于核心位置，同时，车尚钧教授团队领导的 TIM 公司也是韩国风投业历史上最成功的案例之一。

1.3.6 IT 领域新霸主：谷歌、亚马逊、赛富时

目前，谷歌、亚马逊、苹果、赛富时、三星电子、华为等企业领导着五大技术的发展。谷歌公司在搜索市场上获得了巨大成功，并以Android 系统引领着世界移动市场，通过谷歌地图、应用、办公套件、云端硬盘、Gmail、应用程序商店（www.google.com/enterprise/marketplace）等一系列服务主导着云服务市场。谷歌还开发了 Chrome 网页浏览器，并推出了装载 Chrome 浏览器的 Chromebook 笔记本电脑，这也是其在笔记本电脑市场中取代微软 Windows 的一个手段。谷歌推出的谷歌眼镜在上市前进行的全球营销活动中取得了巨大成功。同时，谷歌还开发了无人驾驶汽车 Google car，目前正在进行道路测试。谷歌的成功故事持续不断，它从不会为自己设置任何限制，一直在不断努力将未来变为现实，这也使其具备了一种与公司业绩紧密相连的罕见商业模式。目前，谷歌在云服务、移动通信、大数据、物联网等领域都处于不可撼动的领导地位。

亚马逊以"买得到全球的好东西"为口号，其成功的关键在于具备一套推荐系统，该系统可以根据购买历史与网页点击情况向顾客推荐合适的商品。本书第 6 章将详细讲解该系统，这是一个非常好的大数据系统应用案例。

不仅是在 Web 商务领域，亚马逊在云服务领域也是"领头羊"。谷歌云业务以开发和应用程序为中心（平台即服务，PaaS: Platform as a Service；软件即服务，SaaS: Software as a Service 领域），而亚马逊

的云业务则以服务器、磁盘、数据库等 IT 基础设施为中心（基础设施即服务，IaaS：Infrastructure as a Service 领域）。最近，美国情报机构 CIA 增设了计算机系统，开始实施云项目。亚马逊与 IBM 同时参与竞标，最终，亚马逊击败了 IBM，这一结果震惊了全世界。IBM 对结果非常不满，并以"己方提案价格低于亚马逊"为由提起诉讼。但 CIA 指出，价格不是决定性因素，经过评估后他们认为，亚马逊的云服务比 IBM 的更加优秀。法院的裁定也站在亚马逊一边，这也意味着 IT 产业的中心正在急剧变化。

韩国人对赛富时（Salesforce）这家美国公司不太熟悉，但作为引领云时代发展的企业，它在美国和日本具有相当高的知名度。准确地说，赛富时是企业云（PaaS 与 SaaS）领域的领导者。与谷歌、亚马逊追求的云服务不同，通过云服务，赛富时可以为客户提供传统 ERP 服务企业提供的 HR、CRM、会计等功能。

1.3.7 跨国 IT 企业因何变弱

前面提到的跨国 IT 企业现状让许多人大吃一惊，不过几年之间，全球 IT 领域的形势竟然发生了如此巨大的变化。仅从高德纳公司的预测看，早在 5 年前，社交网络、移动技术、云计算、大数据、物联网等五大技术就已经成为引领世界发展的重要技术。

表 1-2　高德纳的十大战略技术

	2011 年	2012 年	2013 年	2014 年
1	云计算	媒体平板及其后出现的各种技术	移动设备之争	多种移动设备管理
2	移动应用与媒体平板	以移动为中心的应用与接口	移动应用与HTML5	移动应用与应用程序
3	社交通信和协作	情景感知与结合了社交网络的用户体验	个人云存储	物联网
4	视频	物联网	物联网	基于混合云与代理服务的 IT
5	新一代分析技术	应用商店与市场	混合 IT 与云计算	云 / 客户端架构
6	社交媒体分析	新一代分析	战略性大数据	个人云时代
7	情景感知计算	大数据	实用分析	软件定义
8	存储级内存	内存计算	内存计算	网络规模 IT
9	普适计算	低能耗服务器	综合生态系统	智能机
10	基础架构计算与基础设施	云计算	企业应用程序商店	3D 打印

　　所有跨国 IT 企业都掌握了这五大领域的技术，即使在某些领域尚有欠缺，它们也有充足的资金可以通过企业并购等方式解决。但是，为什么有些企业最终还是失败了呢？

　　创新是 IT 企业的生命。技术不断推陈出新的过程中，必须把握顾客的真实需求，站在顾客的立场提供服务。虽然企业发展的核心要素是不断创新，然而 IT 企业在发展过程中很容易陷入顾客锁定（Customer lock-in）的诱惑，这也是 IT 领域本身固有的特征。顾客一旦使用了某家企业的 IT 产品与技术就只能继续使用，这种现象对 IT 企业相当具有诱惑力。由于顾客开始使用某公司的技术与产品后很难放弃，所以相关 IT 企业经常会向顾客提出无理要求，例如产品价格上涨、不合理的维修政策、强迫购买毫无创新的产品等。面对这些无理要求，顾客无法轻易拒绝，因为换用其他 IT 企业的产品与解决方案不仅要花费大量金钱与精力，而且代替目前运行良好的系统时可能出现无法正常运转的情况，这种风险是任何企业都不想承担的。

处于危机中的跨国 IT 企业大部分都曾经是某个领域的权威，它们利用顾客锁定策略推动自身发展。然而从长远看，这种现象无异于"毒药"。这些被惰性征服的企业受到销售额增长的压力而不断对顾客施压，这会促使顾客在适当时机转向其他品牌的产品，最终流失。因此，IT 企业一定要通过不断创新吸引顾客。当下，五大技术引领着时代发展，如果只一味忙于现有技术与产品的销售而不进行创新，那么无论哪个企业都将逐渐走向消亡。

本章
小结

- 现代 IT 发展趋势可归结为社交网络、移动技术、大数据、云计算、物联网等五大技术。
- 这些技术并不是相互独立的，而为了促进商业创新而存在。这个时代的新型商业形态是"数字商务"模式，要想获得聪明的智能手机用户的青睐，必须对商业模式本身进行改革。
- 跨国 IT 企业只有引领现代 IT 的发展趋势才能获得成功，否则将难以生存。
- 韩国国内企业要想进行数字商务转型，必须灵活运用这五项技术积级创新。
- 大数据技术也是企业进行数字化革新的重要手段。

大数据小问答

 以下对企业引入大数据战略的原因描述最准确的是?

❶ 因为使用"大数据"这一术语会让人感到非常时髦

❷ 因为竞争企业引入了大数据战略

❸ 因为是开源软件,性价比高

❹ 因为对企业数字化有帮助

答案:❹ 对于企业为何要引入大数据战略,许多人很难明确说出原因。现代企业要想提升自身竞争力,必须将商业模式数字化。而只有引入大数据战略,才能完成自身的数字化转型。

 什么是数字商务?

❶ 在网络上进行商业活动

❷ 进行商业活动时不需要人力,由机器自动完成

❸ 迎合最新 IT 趋势,即使暂时会对企业造成一定损失也要进行的创新活动

❹ 由基于人工到基于传感器的转变

答案:❸ 数字商务应用当前热门的五大技术对商业模式进行改革。

测验题 3　IBM应当守住但最终失去的市场是?

❶ 社交网络　　❷ 移动技术　　❸ 大数据　　❹ 云服务

答案: ❹　虽然仁者见仁，但 IBM 的现有客户对 IT 设备、技术的使用度和对 IBM 的信赖度都非常高。如果 IBM 将老客户的利益置于公司利益之上，就一定会向其提供使用云服务的机会，但事实并非如此。如果 IBM 率先占领了云服务市场，大部分企业的 IT 服务都极有可能会迁移到 IBM 的云服务器。由于云服务的垄断性非常强，客户一旦使用某个云服务，再想退出是非常困难的。换言之，客户一旦投入 IBM 云服务的怀抱，那么之后相当长的时间内就只能继续使用。2014 年 1 月，IBM 收购了云服务供应商 Softlayer 公司，积极投身于云服务事业。但亚马逊的势头好像丝毫没有因此而减退，所以最终结果还有待观察。

测验题 4　为什么说大数据技术是数字商务的核心技术?

答案:　顾客使用智能手机时产生的数据量相当惊人，今后随着物联网的普及，各种传感器产生的数据量将更加庞大。为了对这些数据进行实时分析以预测顾客行为，并向顾客推荐合适的报价以及促进后续的商业行为，企业只能引入大数据技术。借助大数据技术，企业能够更准确地洞察顾客的需求。不仅如此，借助大数据技术对各行各业产生的大量数据进行分析后，能够帮助企业准确把握商业现状，适时做出正确决策。

BIG DATA

第 2 章

大数据分析
趣味实例

大数据是什么?

为什么要分析大数据?

数据分析的目的是找出某个事件发生的根本原因,对未来将会发生的事做出预测,并进行相应准备。了解数据分析的目的之后,使用免费分析工具对门户网站搜索的关键词、Twitter、博客的大数据进行分析,一起预测未来吧。

2.1 大数据

2.1.1 大数据的定义：4V

大数据是什么？这个问题有很多答案，这些答案都提及了大数据的共同点——3V（Volume、Velocity、Variety），即海量、高速、多样。此外，还需要追加"不确定性"（Veracity），这也是对数据基本属性"真伪存疑"的强调。下面讲解 IBM 提出的大数据 4V 特征。

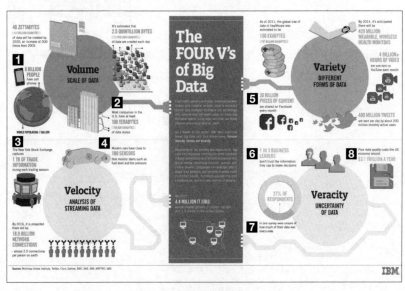

图 2-1　IBM 定义的大数据 4V 特征

出处：www.ibmbigdatahub.com/infographic/four-vs-big-data
短链接：http://goo.gl/e1FMn5

如图 2-1 所示，我们可以得出以下比较有意思的结论：

1 当前世界总人口为 70 亿，其中 60 亿人拥有手机。

2 美国的大部分企业拥有 100 TB 以上的数据量。韩国大部分银行拥有的数据量为 100 TB 左右。

3 纽约股票交易市场每天产生 1 TB 数据量。

4 现在的汽车拥有将近 100 个传感器，这些传感器监测汽车的燃油、轮胎压力等数据。

5 现在，Facebook 上每月大约有 300 亿条消息记录被共享。

6 1/3 的企业管理者决策时并不相信数据。

7 统计调查中，27% 的人认为自己的数据并不准确。

8 数据不实造成美国经济每年损失 3.1 万亿美元。

2.1.2 大数据之 "大"

大数据定义并不止于此，要具备多大的数据量才能称得上是 "大" 数据呢？对于这个问题，谁也无法给出明确的答案。在我看来，大数据是指很难使用传统 IT 技术处理的海量数据，此处的 "海量" 不低于 50 TB。此外，与使用传统 IT 技术处理相比，如果使用大数据技术在价格和处理速度上都更具有优势时，这样的数据也可以称为 "大数据"。这个标准的数据大致为 10 TB。

那么，大数据的数据量大小非常重要吗？其实不然。数据本身的价值要比数据量的大小更值得关注，而数据价值体现在数据分析结果的应用程度上。需要强调的是，比数据本身更为重要的是数据分析结果的灵活应用及应用程度。因此，"价值"（Value）这又一个 V 的评判标准也是非常重要的。

2.1.3　大数据技术与新商业模式的出现

学习大数据技术时，重点在于理解下面这些问题：大数据与传统数据的不同点是什么？它如何演变而来，又会如何发展下去？大数据会产生何种效果，引发何种问题？

大数据出现之前也存在大容量的数据，那当时的数据与现在的大数据有何不同呢？作为传统产业的通信公司，其通信数据（CDR）与信用卡公司、物流业、银行等行业的交易数据量不容小觑。当时，这样的数据称为"大容量数据"。处理这些大容量数据并不容易，主要使用 RDBMS，各家企业的数据量一般不会超过几百 TB。

我对数据单位进行了简单整理，如下所示：

* 1 TB（Terabyte，太字节）=1024 GB（Gigabytes，吉字节）

* 1 PB（Petabyte，拍字节）=1024 TB

* 1 EB（Exabyte，艾字节）=1024 PB

* 1 ZB（Zettabyte，泽字节）=1024 EB

* 1 YB（Yottabyte，尧字节）=1024 ZB

门户网站、Facebook、Twitter 等社交媒体企业产生的数据量大得惊人，远非之前的大容量数据可以比拟。比如，Facebook一年产生的数据量约为几百PB，这至少是传统企业大容量数据的几千倍，二者无法相提并论。由于使用传统IT技术无法处理如此巨大的数据量，所以大数据技术应运而生。

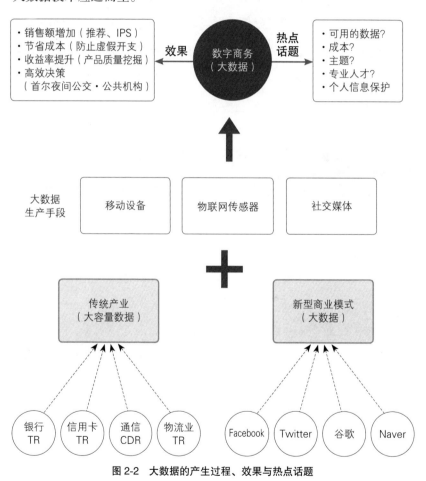

图2-2 大数据的产生过程、效果与热点话题

社交媒体、移动设备和物联网的传感器都是生产大数据的手段，

这些手段不仅应用于新的商业模式，如果将这些新的 IT 技术与传统产业相结合，那么传统产业自身将会发生根本性的改变。也就是说，向数字商务迈进的过程中，数据量会暴涨。数字商务时代会产生更多非结构化数据，数据的生产速度将变得更快，分析周期大大缩短，几乎可以达到实时分析。通过分析结果可以立即做出决策，同时启动应对程序。目前，虽然数据分析与业务处理过程是完全分离的，但相信今后二者会灵活地结合在一起。

2.1.4 小数据、暗数据、快数据、智能数据

◆ 小数据（Small data）

人们一直以来对大数据的价值与效果的评价都相当夸张，甚至可以概括为"鼓吹泡沫"。而"小数据"这一概念与大数据夸张的泡沫现象正相反，它主要是指大数据产生之前的数据。实际上，"小数据"的含意更多地是指传统数据，而非小型数据。此处需要特别指出，无论是大数据还是小数据，二者的分析方法并没有很大差异。此外，小数据中出现的多种热点话题，比如数据安全、隐私问题、数据标准化、元数据的重要性、数据整合、数据管理等，在大数据中也同样存在。由于小数据与大数据的概念差不多，所以理解起来也不会非常困难。相反，如果想理解大数据，就必须从理解小数据入手，同时也要深入了解围绕其产生的传统问题。

◆ 暗数据（Dark data）

暗数据是指企业内保存但未经分析的数据，此外还包含一些因存储空间不足而在几个月后被删除的数据。现实中的企业内部存在许多未分析的数据，这些数据是否具有分析价值是个很重要的问题。分析前无法判断数据价值，但如果要分析就需要投入人力、成本和时间。因此，进行暗数据分析前，首先应在内部确认数据价值，但这样很容易陷入"先有鸡还是先有蛋"的困境。近年来，使用大数据技术进行分析大大减少了需要投入的人力、成本和时间，所以即使是暗数据，确定其价值前也可以先分析。但无论数据分析成本降低多少，进行暗数据分析时都应该先考虑分析结果的应用情况。

◆ 快数据（Fast data）

大数据强调的是数据的"已保存"，而"快数据"则强调对大量涌出的海量数据进行实时分析处理。实时分析是大数据的一部分，但有些激进的舆论认为："大数据时代已经结束，快数据时代到来。"实际上，快数据并不是单独存在的。比如，虽然我们一直强调必须对通过 Beacon 技术收集的顾客位置、气象数据、工厂中测量设备及物联网传感器等产生的数据进行实时分析，但应当考虑实时分析获得的效益与投资金额间的相互关系。无论投入多少资金，如果要进行实时分析，那么在分析结果能否立刻得到应用、商业上的利益与损失、成本与应用效果等方面都要进行周密的计算。

◆ **智能数据（Smart data）**

"大数据"这一术语强调了数据的不确定性。数据质量高、容量比大数据小，但可以直接进行分析的数据称为"智能数据"。从智能数据的属性看，其数据质量有一定保障，可以直接进行分析，并能够根据分析结果快速决策。但智能数据并不是使用特定技术与产品时产生的，而是对大数据进行加工之后才能获得。实际上，要获得智能数据需要耗费许多精力与时间，对大数据进行分析的过程就是形成智能数据的过程。智能数据并不独立存在，不能像大数据一样直接分析或灵活运用，所以"智能数据是大势所趋"这种说法是错误的。

综上所述，小数据、暗数据、快数据、智能数据都不过是数据的一般定义，这些概念是对数据进行分析处理的过程中必然产生的。因此，与其将其视为新概念，不如说它们只用于强调和突出大数据中的部分特征，也可以视为大数据供应商的一种营销炒作（Marketing hype）手法。

2.2 创新源自大数据分析

大数据分析的目的是了解过去发生了哪些事情及其产生原因，并对未来将要发生的事情进行预测。如果可以预测未来，就能带来巨大的利益。比如，如果能够准确预测未来股市涨跌，就能轻松获得丰厚的回报。如果能够预测未来，那么企业经营就会很顺利，因为通过预测企业发展前景可以适时扩大或缩小业务规模。如果能够准确分析顾客购买商品的原因，就能制造和销售更多符合顾客需求的产品。因此，只要能准确分析，就必然会为企业经营提供很大帮助。那么，如何才能使分析更加准确呢？这是一个重要的问题，下面我将列举几个大数据分析相关案例。

韩国"120 茶山热线呼叫中心"收到的市民投诉中，反应"深夜打车难"的问题占了很大比重，所以首尔市政府决定开设夜间公交线路。但规划公交线路并非易事。虽然很容易了解哪些场所在深夜 12 点之后聚集人数较多，但人们的去向却难以掌握。于是，首尔市政府与韩国电信公司签订了谅解备忘录，将首尔市划分为许多半径 1 km 的六边形格子。对 1250 个格子内夜间拨出的电话及接听方的位置进行分析后，使用颜色表示通话数量的多少，得出如图 2-3 所示的分析结果。将深色区域连接后，与现有公交路线进行比较并做出调整，最终确定了首尔市的夜间公交路线。

硅谷有家 Skybox Imaging 公司目前拥有很高人气，该公司通过发射商用人造卫星拍摄并分析地球照片与视频。图 2-4 是卫星拍摄的港口照片，由此可以分析港口中船只的停泊时间，以及正在等待装船的船只中有多少用于汽车出口。

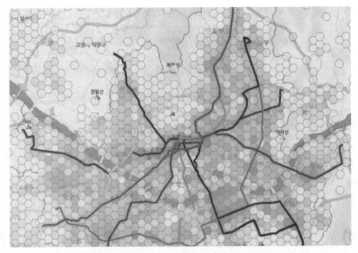

图 2-3　数据为公共服务带来的变化与问题

出处：首尔市林成雨课长报告资料，2013，釜山政府 3.0 大数据系统应用会议 2013.3.25

图 2-4　Skybox Imaging 的港口卫星照片

出处：www.skyboximaging.com

港口管理中心掌握这些数据后，可以了解某艘船只的停泊时间，进而收取相应的港口使用费。不仅如此，如果是油轮，那么通过对其航线和停泊点相关数据的分析，可以预测世界经济走势，甚至可以对未来油价的涨跌进行预测。同时，由于掌握了汽车的装载数量，所以也可以计算相关汽车制造公司的出口量。

如果以后不进行大数据分析会怎么样呢？事实上，即使没有大数据分析，世界也能正常运转。但从企业角度考虑呢？大数据分析对提升企业竞争力有何影响呢？借助大数据分析能够立刻增加企业销售额、减少成本，可以帮助企业加深对客户需求的理解并对企业的重要决策产生积极影响吗？显然是不可能的，但大数据会推动企业朝这些方向迈进。应用大数据战略的企业与没有应用大数据战略的企业虽然在短期内看不出有什么差异，但从长远看，这两类企业间的差距将越来越大。

与韩国企业管理者和机关负责人的交谈中，我可以切身感受现在已经发生了很大变化。虽然大家工作都很繁忙，但如果谈到大数据技术和 IT 技术趋势，无论他们从事哪个行业，都会表现出高度关注，并且积极探索如何在自己的企业中灵活应用大数据战略。

但是，引入新技术和实际业绩、要达成的目标间存在距离。在人力和资金都十分紧张的情形下，谈论新技术和将产生的变化只会让人觉得不切实际。但并非所有创新都在万事俱备的情况下发生。我们应当投入最少的资金与人力进行数据分析，找出当前经营中存在的问题，对这些问题的根源进行分析，并努力将分析结果应用于商业活动。只有这样，才有可能借助大数据技术进行创新。

2.3 大数据预测未来：从免费分析工具开始

2.3.1 大数据滞后性：准确分析得出结论

无论是大数据还是普通数据，都是对过去事件的记录。也就是说，所有数据都是在事件发生后产生的，所以它们都具有滞后性。数据分析的目的不仅是要掌握已发生的事件，更重要的是对未来发展做出预测。要想通过过去产生的数据预测未来，那么如何对数据进行分析就显得非常重要。在众多数据中找出会对未来产生影响的因素，这就是数据分析的核心所在。

例如，从银行贷款时，银行会要求贷款人提供多于贷款金额的担保额，这种贷款称为"担保贷款"。由于贷款的金额小于担保额，所以很容易获得。反之，不需要担保的贷款称为"信用贷款"，银行受理信用贷款时，需要清楚了解贷款人或企业是否具备偿还能力。这是专业信贷企业的经营秘诀，其核心就是通过分析过去的大量数据而得出结论。

保险也是如此。保险的本质是，在某种情形下发生事故时支付保险金。保险公司对事故发生的概率进行计算后，向个人或企业收取保费。若收取的保费大于要支付的保险金，则不会有任何问题；但如果事故发生的概率远高于计算的概率，那么保险公司最终会倒闭。因此，了解事故原因并准确计算保费就是保险公司的经营诀窍。

正如我们在银行与保险公司的例子中看到的那样，由于数据存在滞后性，所以即使面对大量数据，也要确保分析的准确性。分析结果非常重要，几乎可以决定企业的生死存亡，它也是企业的宝贵财富。

2.3.2　关键词超前性：完善预测模型以提高准确度

随着门户网站时代的到来，韩国人开始在 Naver、Daum、谷歌等门户网站进行搜索，搜索的目的是为了获取某些信息。搜索案例中最好的例子是"谷歌流感"，人们对谷歌搜索窗口中的"流感"关键词进行分析后发现，搜索量最高的地区几周后真的爆发了流感。图 2-5 中曲线 1 为谷歌的预测情况，曲线 2 为实际患流感的人数。

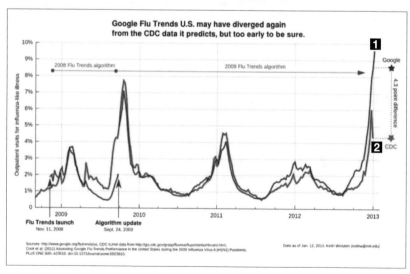

图 2-5　谷歌流感趋势预测与实际流感患者的就医比例

出处：www.americaninfographic.com/post/46792381776/does-google-flu-trends-see-something-that-the-cdc

短链接：http://goo.gl/pjukJ4

当然，近期的预测值有些夸张，从图中曲线看，2013 年的预测值比实际流感的发病次数要高得多。事实上，谷歌预测流感的方法是在"'流感'这一关键词的搜索频率与实际流感发病率有关"的前提下进行的。当时，流感大面积爆发，数据达到临界值，但可以看出这是由于人们突然进行大量搜索引起的。记录表明，流感从 2012 年 11 月开始流行，圣诞节前后达到峰值。与往年相比，爆发时间略有提前，病毒变种泛滥，因流感死亡的人数也有所增加。从当时的情况看，对变异流感病毒的恐惧心理导致人们的搜索频率增加，所以如果要进一步提高预测的准确性，应该将其他社交媒体，比如博客或 Twitter 的数据一同进行分析，对预测结果进行校正。因为与关键词相比，博客或 Twitter 上的数据能够更具体地描述和反映现实情况。人们搜索的目的只是查找自己所需信息，所以如果不认真考虑搜索时的各种情况，那么最终只能得到错误结果。正如谷歌的预测："对流感的搜索量增加，那么相应地区的流感患者数也将增加。"虽然这一预测的前提相当合理，但对于具体增加的数量则无法获得准确数据。因此，如前所述，人们需要通过校正以获得更准确的预测结果。

像谷歌这种做出预测但结果错误的情况在引入大数据分析和应用的普通企业中也有可能出现，原因有很多，有些是因为预测模型不对，有些是因为没有考虑影响预测的变量。如果预测模型更加精确并体现全部变量，那么结果的准确性也会大大提高。因此，那些因预测结果错误而提出的"大数据无用论"等看法只是因为缺乏对数据分析最基本的了解。

2.3.3　门户网站搜索频率分析工具：Naver Trend 与谷歌趋势

　　重要的门户网站（谷歌与 Naver）都会免费提供分析关键词搜索频率的工具。事实上，关键词本身每月会产生超过 100 亿条的庞大数据，对能够分析处理这些数据的工具进行开发是一件相当了不起的事。门户网站开发的这类分析工具主要为投放搜索广告的广告商提供服务，对普通用户免费开放的工具比广告商们使用的性能要低一些。

图 2-6　Naver Trend：http://datalab.naver.com/ca/step1.naver

　　Naver 开发的分析工具 Naver Trend 区分了 PC 端与移动端的搜索频率，对 2007 年至今积累的数据进行分析，最多支持同时输入 5 个关键词。通过这款工具可以看到过去数千亿条关键词，所以只要能灵活运用，就能对业务产生很大帮助。

　　在谷歌分析工具谷歌趋势搜索窗口中输入 Big data 将出现如图 2-7 所示画面，它根据 Big data 这一关键词的搜索量高低对各个国家进行排序。从图中可以看出，韩国是世界上搜索 Big data 次数最多的国家，这也反映出韩国正在掀起一股大数据浪潮。

图 2-7　搜索 Big data 关键词后的谷歌趋势页面：www.google.com/trends

　　与 Naver Trend 一样，谷歌趋势也可以输入 5 个关键词，功能非常完善。这款工具不仅可以按国家分类，还提供相关关键词搜索功能，将可以称为"大数据代名词"的 Hadoop、供应商 Cloudera、Hortonworks 和 MapR 等关键词一起输入，画面如图 2-8 所示。

图 2-8　使用谷歌趋势搜索大数据相关关键词

　　从分析结果看，对 Hadoop 搜索最多的国家是印度，其次是中国、韩国。这意味着在印度，Hadoop 作为大数据技术中的一个概念对人们的吸引力并不强，人们更多地认为它只是软件。通过出现的相关关键词 Tutorial 和 Apache Hadoop 也可以看出，很多人想学习 Hadoop。只要学会灵活使用谷歌趋势，就可以对全球范围内的热点问题一目了然。分析韩国国内情况时使用 Naver Trend，进行国际分析时则使用谷歌趋势，将两者有机结合会对商业有很大帮助。

2.3.4 免费社交媒体分析工具：Social Metrics

与门户网站的关键词分析相似，也有很多分析社交媒体的工具。其中，Daumsoft 公司免费提供 Social Metrics（insight.some.co.kr/campaign.html，如图 2-9 所示）工具，通过它可以对 Twitter 和 Naver 博客进行分析。

图 2-9　Social Metrics 首页

Social Metrics 最值得关注的功能是关键词地图，借助它可以看到输入的关键词在 Twitter 和 Naver 博客中如何与其他词汇产生关联，如图 2-10 所示。

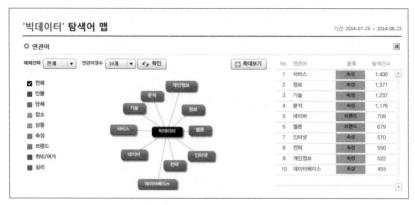

图 2-10　大数据关键词地图

不仅如此，还可以看到与关键词相关的舆情，如图 2-11 所示。

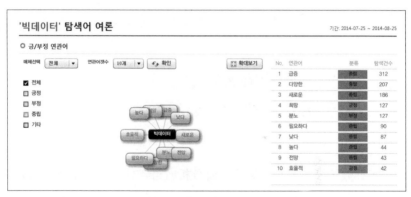

图 2-11　大数据关键词舆情

　　下面讲解 Social Metrics 的关键词与 Naver Trend 和谷歌趋势关键
词的差别。Social Metrics 工作时会先在 Twitter 与 Naver 博客中检索
指定关键词，然后对与其相关的词汇进行查询，再生成关键词地图。
同时调查对关键词进行肯定和否定评价的联想词，如形容词、名词、动词等，然后生成关键词的舆情地图。Naver 和谷歌则计算关键词在搜索窗口中的查询频率，谷歌还会同时给出与关键词相关的词汇的统计结果，而 Naver 则不显示联想词的统计。因此，我们可以使用 Naver 与谷歌查看各时间段的搜索频率，然后再使用 Social Metrics 分析各关键词在 Twitter 与博客中与哪些联想词一同提及，这样可以对相关事件有更透彻的认识。

此外还有一些免费社交媒体分析工具，比如用于分析 Twitter 的 tweetrend（tweetrend.com），以及分析 Facebook 的 BigFoot9（bigfoot9.com）等。

2.4 正式开始分析大数据前：基于场景的关键词分析练习

所有分析都必须具备场景，而分析时最难的部分就是场景构建，这么说并非言过其实。我们可以将场景理解为故事，所谓"构建场景"就是编写故事的过程，由此可以更直观地说明某个概念。数据分析并非易事，但更难的是如何解释分析结果。因此，构建一个简单易懂的"故事"是十分必要的，"编写故事并解释分析结果"的过程称为"分析场景"。

2.4.1 智能手机竞争分析

人们购买智能手机前通常会进行大量搜索，由此可知，智能手机销售与搜索关键词之间存在一定关联。智能手机竞争分析中，先使用 Naver Trend 查看智能手机关键词的搜索趋势，然后在 Social Metrics 中对联想词进行分析。

为了分析和比较三星与 LG 两大厂商的智能手机竞争情况，我对这两家公司的主打产品进行了分析。此处选择 2013 年初推出的 Galaxy S4 和 Optimus G Pro、2013 年下半年推出的 Galaxy Note 3 和 G2，以及 2014 年中推出的 Galaxy S5 和 G3，这项分析历时一年半，使用了相同的分析工具。

首先，2013 年 5 月对三星的 Galaxy S4 与 LG Optimus G Pro 进行比较，如图 2-12 所示。Optimus G Pro 的上市时间是 2013 年 2 月末，但从 Naver Trend 上对搜索结果的分析看，它拥有很高的搜索频率，丝毫不逊色于比它早一些上市的 Galaxy S4。这表明与之前上市的 LG 产品相比，Optimus G Pro 正在逐渐聚拢人气。

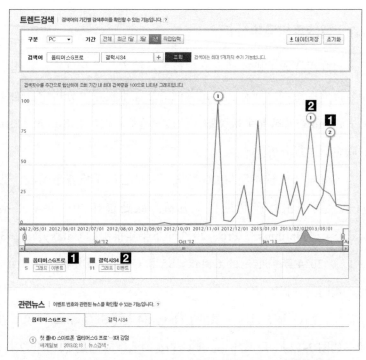

图 2-12　Naver Trend 中 Optimus G Pro 与 Galaxy S4 的搜索频率

　　同样，在 Social Metrics 中也对这两款产品进行分析。Social Metrics 中只能输入 1 个分析关键词，首先是 Galaxy S4 的分析结果，请注意"搜索数量"，如图 2-13 右侧线框所示。

　　虽然搜索的是三星的 Galaxy S4，但出现了许多与 SKT 有关的词汇。由此可以看出，SKT 正在大力开展三星 Galaxy S4 的促销活动。联想词中最特别的就是顶端出现的"始祖"这一词汇，因为这个词的含意有些让人难以理解，所以下面对"始祖"这一单词与 Galaxy S4 之间的联系进行了分析。

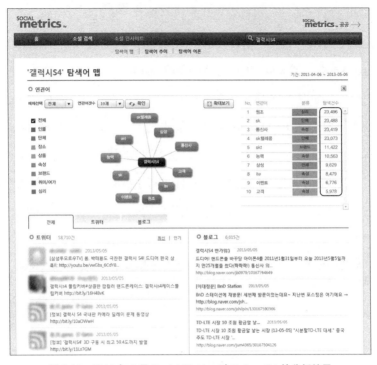

图 2-13　2013 年 5 月 Social Metrics 对 Galaxy S4 的分析结果

图 2-14　SKT 的 Galaxy S4 宣传广告

如图 2-14 所示，可以轻松找到很多含有"始祖"一词的广告，当然这些也都是 SKT 的宣传广告。仅从这件事也可以得知，SKT 为 Galaxy S4 进行了大量宣传并组织了相关活动。

相反，如图 2-15 所示，在 Social Metrics 中对 LG 的 Optimus G Pro 进行搜索得出的联想词中，很多与三星有关，比如 Galaxy、Galaxy S、Galaxy S4、"三星"等。这表明人们搜索 LG 的 Optimus G Pro 产品的同时，也对三星 Galaxy S4 进行了搜索。这种总是被人拿来与最受欢迎的产品进行比较的现象也可以说是"千年老二"的悲哀。

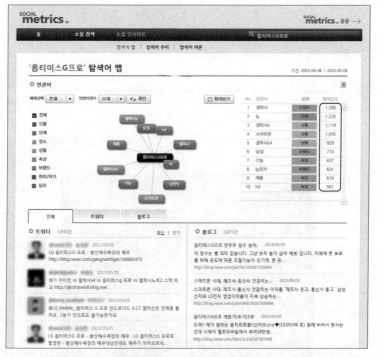

图 2-15　2013 年 5 月 Social Metrics 的 Optimus G Pro 和 Galaxy S4 搜索频率联想词方面显示巨大差异

6个月后，2013 年 11 月，我对 Galaxy Note 3 与 LG G2 进行了比较分析。Galaxy Note 3 的搜索次数很少，远不能与 Galaxy S4 相比。通过搜索频率可以看出，LG G2 一上市就受到追捧，其搜索次数比同时期上市的 Galaxy Note 3 更多，如图 2-16 所示。

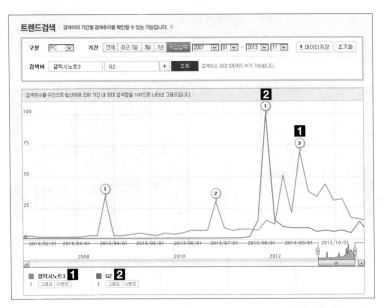

图 2-16　Naver Trend 中显示的 Galaxy Note 3 与 G2 的搜索频率

在 Social Metrics 中再次对 Galaxy Note 3 进行分析，联想词中，偶像组合 EXO 出现在了第三位，因为 SKT 提供的活动奖品是 EXO 周边。由此可知，SKT 举行了三星 Galaxy Note 3 的宣传活动，如图 2-17 所示。

那么，LG G2 怎么样呢? 联想词中依然可以看到 Galaxy、Galaxy S、Galaxy Note 等与三星相关的词汇，但局面略有变化，如图 2-18 所示。

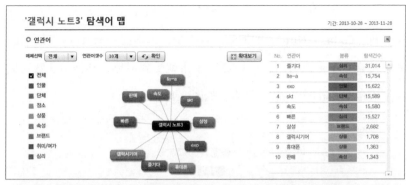

图 2-17　2013 年 11 月在 Social Metrics 中分析的 Galaxy Note 3 与 SKT 的宣传广告

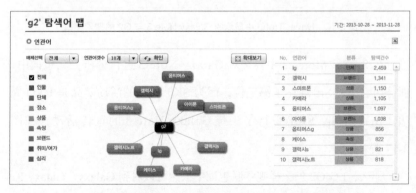

图 2-18　2013 年 11 月在 Social Metrics 中分析 G2

比较 Optimus G Pro 与 LG G2 的联想词可以更明显地找到差异。
与三星相关的产品和词汇明显减少，相关排名也有所降低。这一结果
表明，短短 6 个月内，LG 智能手机树立了良好的品牌形象，也不再经
常被拿来与竞争对手比较。从结果也可以看出，消费者对相机、手机
壳等智能手机固有特性有了很好的理解，如图 2-19 所示。

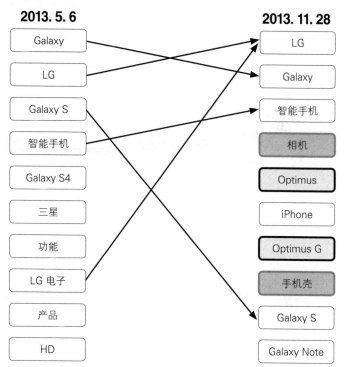

图 2-19　2013 年 5 月 Optimus G Pro 的联想词与 2013 年 11 月 G2 的联想词差异

2014 年 7 月，我对 Galaxy S5 与 LG G3 进行了比较。Galaxy S5
在 2014 年初上市，几个月后，LG G3 上市。此处使用了与之前同样
的方式对两种产品进行分析，首先可以发现，G3 的搜索频率不同寻

常，如图 2-20 所示。

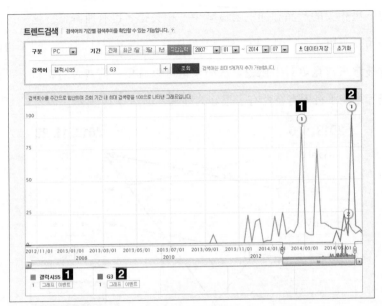

图 2-20　Naver Trend 中 Galaxy S5 与 G3 的搜索频率

图 2-21 是在 Social Metrics 中对 Galaxy S5 进行的分析。搜索 Galaxy S5 可以看到，它与 G3 之间发生反转现象。这表示现在的消费者反而在将 Galaxy S5 与 G3、G2、G Pro2 进行比较，同时，浏览次数也大幅减少。

图 2-22 是在 Social Metrics 中对 G3 进行分析的结果。首先，其搜索次数比 Galaxy S5 多，联想词中直到第八位才出现与三星或 Galaxy 等竞争产品有关的词汇。此外，之前产品搜索联想词中一直未曾出现的 SK、SKT、"SK 电信"等词汇也出现了。这表明，之前举办了三星 Galaxy 系列宣传活动的 SKT 现在正在为 LG 的 G3 宣传。

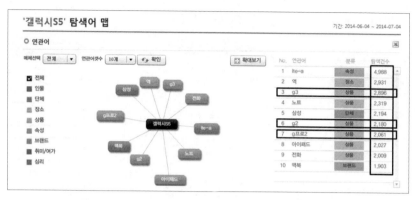

图 2-21　2014 年 7 月在 Social Metrics 中分析 Galaxy S5

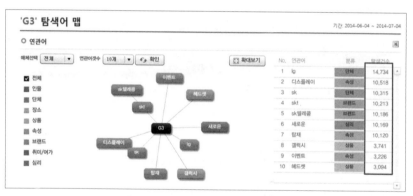

图 2-22　2014 年 7 月在 Social Metrics 中分析 G3

Optimus G Pro2 与 G2、G3 联想词的比较如图 2-23 所示。显而易见，G Pro2 在 2013 年上市，之后不足 1 年，因为众多消费者的支持，LG 智能手机的竞争力有了超乎寻常的提高。搜索 LG 智能手机的消费者也不再经常将其与竞争公司的产品进行比较，SKT 也在大力进行 G3 的宣传。比较联想词时发现的最重要的一点是，消费者对 G3 显示屏一直好评如潮。

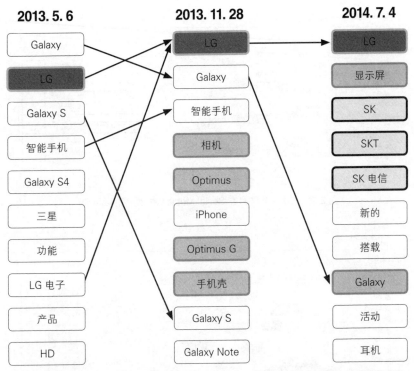

2013. 5. 6

Galaxy
LG
Galaxy S
智能手机
Galaxy S4
三星
功能
LG 电子
产品
HD

2013. 11. 28

LG
Galaxy
智能手机
相机
Optimus
iPhone
Optimus G
手机壳
Galaxy S
Galaxy Note

2014. 7. 4

LG
显示屏
SK
SKT
SK 电信
新的
搭载
Galaxy
活动
耳机

图 2-23　2013 年 5 月、2013 年 11 月、2014 年 7 月分析的 LG 智能手机产品联想词变化

针对联想词搜索趋势进行分析的结果直观展现了 14 个月内 LG 智能手机在市场中的地位变化。面对智能手机产业中比自己强大数十倍的竞争对手，LG 只用 14 个月的时间就实现了逆转。当然，这种变化反映到销售层面还需要一些时间，但这些资料可以充分证明消费者对品牌的认识已经发生变化。只要灵活使用 Naver Trend 与 Daumsoft 的 Social Metrics 等免费分析工具，想要捕捉这些新现象就并非难事。

2.4.2　户外运动比较：高尔夫、登山与露营

户外运动领域也具有自己的流行趋势，为了掌握其趋势，我选择了高尔夫、登山和露营这 3 种具有代表性的户外运动进行分析。虽然露营具有鲜明的休闲活动特征，但由于高尔夫和登山也多少带有一些休闲性质，所以在相同标准下对其进行分析不会产生什么大问题。现在，韩国国内的户外运动与休闲产业正在逐渐形成，产业变化与关键词的搜索频率变化之间有着密切的关系。

首先看一下高尔夫的情况。如图 2-24 所示，从 Trend 搜索提供的2009 年至今的关键词看，"高尔夫"的搜索频率正在逐渐降低。这不

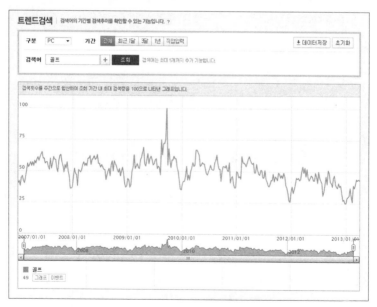

图 2-24　Naver Trend 中的"高尔夫"搜索频率变化

仅反映了老百姓对高尔夫这项运动的态度，也意味着高尔夫产业已经慢慢开始走下坡路。因此，现在不适合开展高尔夫球场、高尔夫练习、高尔夫培训、高尔夫用品等相关产业。

那么登山的情况又如何呢？如图 2-25 所示，与"登山"相关的搜索频率更是急速下降，这表明与登山相关的产品会逐渐滞销。

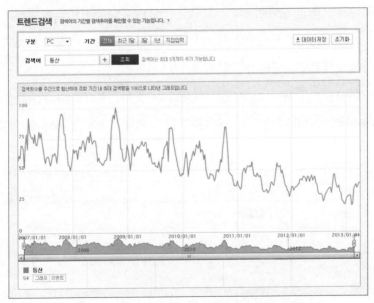

图 2-25　Naver Trend 中的"登山"搜索频率变化

那么，露营的情况怎么样呢？仅从图 2-26 所示的搜索频率即可看出，露营相当受欢迎。由此可判断，与露营相关的产业今后将会不断壮大。前面提到与"登山"有关的搜索频率在不断下降，所以登山用品业如果能迅速将产品种类多元化，并向露营用品转型，那么业务也可以实现持续增长。幸运的是，从登山用品向露营用品转型并不困难，所以业界能够应对这种变化。但这种情况下，仅生产登山鞋的企业依然会逐渐陷入困境。因为露营并不需要专业的"露营鞋"，所以只生产登山鞋的企业会变得越来越难以经营。要想生存下去就必须调整经营战略，将自身的产品种类向生产露营设备方向转移。

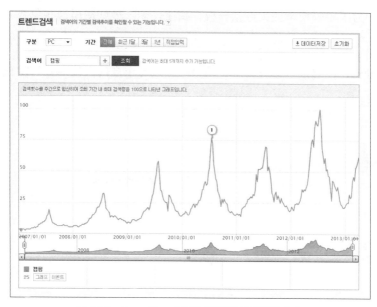

图 2-26　Naver Trend 中的"露营"搜索频率变化

2.4.3　Naver Trend 与 Social Metrics 的应用

前面使用 Naver Trend 与 Social Metrics 分析了关键词与联想词。二者使用简便，分析结果应用范围广，如果能够灵活运用，将对企业和个人大有裨益。事实上，门户网站运营商提供搜索频率分析系统需要耗费大量成本，但即便如此，它们依然一直维持着系统的运行，目的在于满足本公司搜索广告投资商的需要。Social Metrics 也是 Daumsoft 公司为了宣传自己的服务而推出的开放型小规模系统，可以免费使用。虽然也有付费版本，但除了能够从多个角度分析更多数据外，与免费版本没有什么区别。

为了更轻松掌握大数据分析，我建议大家最好使用这些免费分析工具亲自尝试。能够灵活使用这些工具并不代表完全理解和掌握大数据分析，但通过数据分析解析结果的方式与正规的大数据分析没有太大区别。

本章小结

- 很难用一句话概括大数据的定义，我认为，大数据是用传统技术无法处理的数据。以前我们无法分析其内容，但随着技术的进步，现在对这些数据的分析成为可能，并可由此获得有价值的信息。

- 数据是对过去的记录，它具有滞后性。但门户网站中的关键词则带有"超前性"，其中包含着将来要发生的事情。

- 灵活使用免费数据分析工具（Naver Trend、谷歌趋势、Daumsoft 的 Social Metrics 等）不仅可以帮助理解何为大数据，还可以通过数据分析为自身业务提供帮助。

大数据小问答

 测验题 1　以下关于大数据的说法不正确的是?

❶ 大数据指使用传统技术无法处理的海量数据。

❷ 大数据必须具有价值，无价值的数据不能称为大数据。

❸ 大数据与传统的小数据有着明显不同，分析方法也很不同。

❹ 社交媒体数据是大数据。

答案：❸　大数据与传统小数据的分析方法类似，具有一般数据的所有特征。

 测验题 2　首尔市政府规划夜间公交线路时分析的数据是?

❶ 娱乐场所多的商圈数据

❷ 气象数据

❸ 通话数据

❹ 公交线路数据

答案：❸　韩国电信公司通话数据。

测验题 3 为什么很难定义大数据?

答案: 大数据仍在不断发展,它与传统的小数据并无明显差别,对大数据的
大小尚无明确定义。

测验题 4 实施大数据战略的企业与未实施的企业有何不同?

答案: 引入大数据战略并不意味着应用大数据分析结果能够立刻提升企业竞
争力,但将大数据分析结果作为决策依据并逐渐扩大范围,使其全面
应用于企业业务后,与普通企业相比一定会具备更强的竞争力。

BIG DATA

第 3 章

分析广泛应用的
社交媒体

本章将帮助各位准确理解社交媒体的性质与局限，了解分析社交媒体能带来的益处，同时学习如何灵活运用社交媒体分析。

3.1 灵活运用强大的社交媒体

如果说传统的大众传媒负责资讯传播，那么社交媒体就是通过多种设备将多样资讯进行广泛传播的沟通方式。随着智能手机的普及，社交媒体不断壮大，形成了"参与、共享、沟通"的时代精神。与大众传媒时代截然不同，社交媒体的巨大影响力正在对社会的方方面面产生影响。

如图 3-1 所示，社交媒体的种类比我们想象的还要多，它们时刻都在产生海量数据，内容与形式也在不断变化。截至 2015 年，使用社交媒体的人数已超过 30 亿。社交媒体产生的数据量约为 8 ZB，其中90% 以上属于非结构化数据。

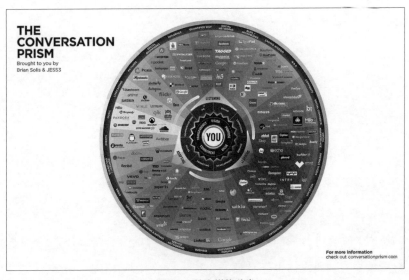

图 3-1　社交媒体种类

出处：https://conversationprism.com

3.1.1 社交媒体分析定义

社交媒体分析是指对社交媒体中的内容进行分析。社交媒体种类繁多，产生的内容形态也多种多样。由于数据量巨大，所以分析社交媒体数据并非易事。但我们仍然要对其内容进行分析，因为它对社会各方面都产生巨大影响。社交媒体的数据大都是文本、图片、视频等非结构化数据，其中以文本分析最为普遍。

分析社交媒体的文本时，通过对自然语言的处理将关键词进行分类，然后依据预定义的关键词词典进行情感、联想词和频率等分析。最后，由专家对分析的整体意义进行解析。虽然文本分析全部由计算机自动完成，看似比想象得容易，但必须经过多次人工处理才能得到比较准确的分析结果。

3.1.2 社交媒体分析是大数据分析吗

事实上，虽然社交媒体产生的数据量相当巨大，但其中大部分是比较大的视频和图片，而实际进行特定目的的分析时，主要使用的文本的数据量并不大。因此，即使进行社交媒体分析，其涉及的数据量也不会很大。文本分析过程中，情感、联想词、频率分析等部分甚至可以使用 Excel 进行处理。此外，社交媒体分析过程难度不大，很容易得出结论，一般媒体也经常提及。其分析结果非常有趣，所以常常会让人误认为社交媒体分析就是大数据分析。其实，社交媒体分析只是大数据分析的一部分。

3.1.3 以人们熟知的关键词为中心进行分析

进行社交媒体分析时，必须使用人们熟知的关键词，否则从社交媒体中提取的数据量就会很少，最终导致分析结果的可信度大打折扣。下面以韩国釜山市海云台区的社交媒体分析为例进行说明。

釜山市海云台区是韩国首个以区为单位进行社交媒体分析的地区。有关部门于 2013 年 1 月成立了大数据分析团队，2013 年 6 月 ~10 月以"海云台"为关键词进行了分析，如图 3-2 所示。

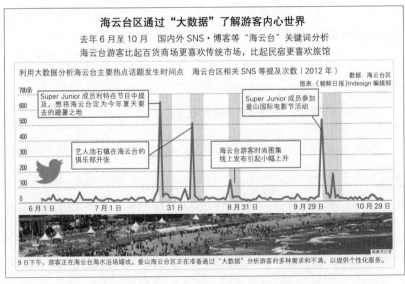

图 3-2 以"海云台"为关键词进行社交媒体分析

出处：http://inside.chosun.com/chosun/rel_inside.html?wid=2013071100020&gid=2013071100654
短链接：http://goo.gl/AVlwzN

该项目对国内外社交媒体平台中涉及"海云台"的数据进行了分析，收集对象包含Twitter、Facebook、YouTube、Flickr、博客等。分析结果表明，与美术馆、博物馆等文化设施相比，游客对海水浴场、迎月岭、山茶岛、广安大桥等著名旅游景点更感兴趣；与汽车旅馆、民宿等住宿场所相比，人们对旅馆、宾馆等更为偏爱；与经营小麦面、猪肉汤饭等地方特色饮食的餐厅相比，人们更喜欢光顾普通的餐厅或连锁餐饮店，食谱以生鱼片、鳕鱼汤、寿司等为主。另外，游客在社交媒体上发布有关海云台的文字时段主要集中在7~8月以及10月釜山国际电影节时的周末（周五~周日）。由数据还可知，游客的不满主要集中在交通阻塞、人群拥挤和商家宰客等方面。

我们可以从分析结果中得到许多启发。首先，海云台区如果想吸引更多游客，需要制定一些奖励措施，鼓励人们更多使用公共交通，以减少交通阻塞。其次，为了帮助当地居民发展旅游产业，必须进行意识创新，通过大量提供景点、美食信息等宣传方式，确保游客不会集中涌向某个特定场所。

海云台在韩国内外都是闻名遐迩的旅游胜地，所以能够保证有大量相关数据作为分析基础，对其进行社交媒体分析也是非常有意义的。如果在社交媒体分析中对没有知名度的市、区、郡举行的地方庆典等活动进行分析，那么得到的结果可能会有很大不同。因为社交媒体中与之相关的关键词被谈及的频率很低，无法代表全部。

3.1.4　进行自然语言处理时要注意同音近义词

对海云台区社交媒体进行分析的过程中，人们发现只有"乌冬"一词与海云台区一起被大量提及。那里的乌冬面并不怎么有名，所以这种结果让人非常意外。仔细分析后发现，这个"乌冬"并不是指乌冬面，而是海云台区的"洞"（韩国行政区域划分单位）的名称。当地有"左洞"与"右洞"两个地方，所以人们谈论海云台区时常常会提及"右洞"（韩文中"右洞"与"乌冬"发音相同）。分析社交媒体过程中处理自然语言时，需要特别留意类似这样的问题。英文 salt 通常意为"食盐"，但它也有可能指的是安吉丽娜·朱莉几年前主演的热门电影《特工绍特》，其英文名也为 Salt。因此，如果分析时将这类词汇也一并处理，那么结果必然会出现许多错误。

3.1.5　选择人们平时关注的领域

社交媒体中，人们用各种方式表达各种故事。简言之，如果分析的公众话题与企业业务有很大关联，那么采取分析社交媒体的方法将会非常合适。

◆ 围绕观影人群的模式分析（利用大数据分析观影模式）

人们最近对电影具有极高关注度，所以围绕观影人群进行的消费者类型分析是一个非常好的主题，如图 3-3 所示。分析中首先提出的问题是："为什么想去看电影？"超过半数的受访者回答："因为想看某部电影。"而抱着"随便看看"的想法而去观看的电影大多是宣传很好或上映时备受争议的电影。（出处：Tapacross 主页 www.tapacross.co.kr）

随便看看	有免费电影票	有空闲时间	想看某部电影
《雪国列车》	《帕瓦罗蒂》	《观相》	《雪国列车》
《7号房的礼物》	《素媛》	《雪国列车》	《隐秘而伟大》
《新世界》	《间谍》	《恐怖直播》	《七号房的礼物》
《隐秘而伟大》	《捉迷藏》	《隐秘而伟大》	《新世界》
《美娜文具店》	《两个心脏》	《绝密跟踪》	《观相》
《观相》	《雪国列车》	《末日之战》	《柏林》
《柏林》	《恋爱的温度》	《时空恋旅人》	《悲惨世界》
《恐怖直播》	《七号房的礼物》	《钢铁侠》	《辩护人》
《绝密跟踪》	《柏林》	《辩护人》	《恐怖直播》
《流感》	《嫌疑人》	《捉迷藏》	《流感》

图 3-3　不同观影目的所占比例与观影人群比较（以 2014 年 2 月数据为基准）

出处：Tapacross 主页 www.tapacross.co.kr

"和谁一起看什么电影?"也是人们好奇的问题之一,调查结果令人意外,如图3-4所示,回答"独自观影"的人占有相当大的比例。因为这部分人的观影目的是观看特定的,即自己想看的电影。由此可知,如果是自己想看的电影,大部分人并不介意独自观影。

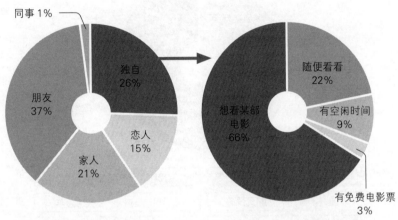

各类观影同伴所占比例   "独自观影"人的观影目的

图3-4   各类观影同伴所占比例与"独自观影"人的观影目的

出处: Tapacross 网站 www.tapacross.co.kr

让我们再次回到"和谁一起看什么电影"的问题。从图3-5可以看出,"独自观影"有很多种情况,这也更好地说明,因为有想看的电影,所以大部分人并不介意独自观影。与家人一起观看的电影体裁主要是剧情片和动作片。而与恋人一起看电影时,由于观影是约会的一部分,所以电影体裁或内容往往并不重要,重点在于约会本身。

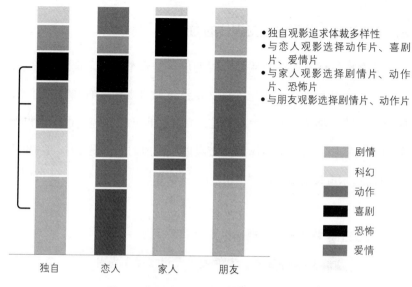

● 独自观影追求体裁多样性
● 与恋人观影选择动作片、喜剧
　片、爱情片
● 与家人观影选择剧情片、动作
　片、恐怖片
● 与朋友观影选择剧情片、动作片

剧情
科幻
动作
喜剧
恐怖
爱情

独自　　恋人　　家人　　朋友

图 3-5　观影同伴不同时选择的电影类型比例

出处：Tapacross 网址：www.tapacross.co.kr

　　"围绕观影人群的类型分析"属于社交媒体分析范畴，其结果并不代表某种特定立场，在网页上显示这些内容只是宣传自己公司社交媒体分析服务的一种广告方式。因此，虽然有针对某种现象的分析，比如上面提到的观影大众行为分析，但由于缺乏特定目的，所以很难从中找到某个问题的答案。由此可知，无论进行任何分析都需要有一定的观点，只有带着目的分析数据才能得到全面的答案。

3.1.6 选举中体现的社交媒体的力量

社交媒体波及效应最明显的时期应该是选举期间。选举过程中，选举结果由选民的喜恶决定。社交媒体可以直观地左右选民的喜恶，所以其影响力必然十分巨大。于是，政客们也开始在选举过程中积极利用社交媒体，其中最能体现社交媒体影响力的案例是 2011 年 10 月 26 日的首尔市长选举，如图 3-6 所示。

◆ **2011 年首尔市长补缺选举**

首尔市长补选中，罗卿瑗（大国家党）与朴元淳（无党派）两位候选人之间展开了激烈的角逐，其余候选人的支持率都难以望其项背。混战一直持续到选举当日。由于选举当天的投票率非常重要，可能存在很大变数，所以他们在选举当天的 Twitter 上开始了拉票活动。

图 3-6　首尔市长补选的社交媒体分析

出处：SAS 文本数据分析示例，2012

从 Twitter 影响力分析看，当时罗卿瑗的支持率排在第 1 位，但其余候选人全部都支持朴元淳。朴元淳是无党派人士，虽然参加竞选时没有党派支持，但当时在 Twitter 上集聚了大量支持力量。选举当天下午 1 点开始，Twitter 上动员选民为其投票的文章数量激增，得票率也迅速增长。

由于社交媒体本身的特性，与提出的政策和做出的承诺相比，政客们的整体倾向、个人及亲信是否存在徇私舞弊等不正之风、私生活以及对对手的打击等消息，传播得更为迅速。因此，要想在选举中更好地利用社交媒体，首先必须学会灵活运用社交媒体自身特性。社交媒体中，与其采取打击手段，不如持续传播自己的感人事迹，那样效果更加显著。朴元淳赢得选举后开始积极使用社交媒体，市民通过社交媒体可以长期接收市政相关信息，所以他们在 2014 年首尔市长选举中依然积极支持朴元淳。可以说，社交媒体对朴元淳的再次当选发挥了巨大作用。

3.1.7 社交媒体在政府决策过程中展现力量

政府决策时，非常有必要灵活利用社交媒体的大众性、快速反馈性，并接纳其中的大量意见。当然，决策者们使用社交媒体时对民粹主义（Populism）的担忧也是可以理解的。但努力倾听民众的声音，将社交媒体的积极一面体现到政策中也是政府必须努力的。下列案例描述了政策实施中发生的典型问题。

◆ **全面推行"道路名"地址系统**

　　大部分国家都已经推行了"道路名"地址，韩国经过一段过渡期后，2014 年也开始全面推行。过渡期间，韩国政府投资了约 35 亿美元用于宣传"道路名"地址系统及执行情况。但宣传中，除"全面推行'道路名'地址系统"这一信息外，关于地址系统如何变化以及使用地址的各种机构和企业应当如何应对等问题都没有具体提及。与此同时，社交媒体中关于"道路名"地址系统的负面评价急剧增加。虽然"道路名"地址系统全面推行后，反对的声音有所减少，但与正面评价相比，负面评价还是占据了更高的比例，如图 3-7 所示。（出处：Tapacross主页 www.tapacross.co.kr）

政策推行前，负面评价随宣传活动的展开而扩散

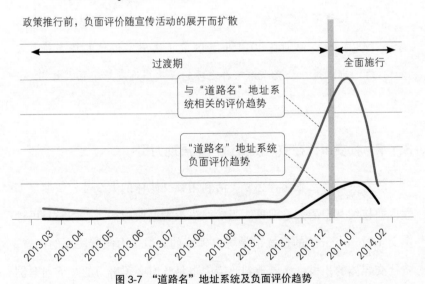

图 3-7　"道路名"地址系统及负面评价趋势

出处：Tapacross 网站 www.tapacross.co.kr

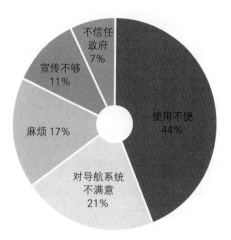

图 3-8 "道路名"地址系统的负面评价类型

出处：Tapacross 网站 www.tapacross.co.kr

如图 3-8 所示，人们不愿意使用"道路名"地址系统的主要原因是认为其"不方便"。对已经习惯了"地段名"地址系统的人而言，要改用完全不熟悉的"道路名"地址系统，当然会觉得不方便。不仅如此，对于快递公司而言，快递员不熟悉新的"道路名"地址系统就会导致许多快件派送延误。同时，导航系统错误频发，导航、网购配送地址输入系统等都不能准确支持新的"道路名"地址系统。因此，人们希望政府推行政策前能够充分倾听民众意见。

现在，导航与地图应用程序已经在韩国普及，无论使用地段名还是道路名都能顺利找到目的地，快递员也可以正确投递物品。地址问题引发的不满大大减少，但人们对"道路名"地址系统仍然陌生。政府推行的政策会反映到人们的生活并产生直接影响，因此，如果政府在政策出台前能够通过社交媒体等渠道充分征求民众意见，就能大大减少这些混乱。

还有一点需要补充，政府制定政策时如果能够更全面地考虑 IT 发展趋势，应该就会发现推行"道路名"地址系统的必要性并不大。虽然发达国家正在使用的"道路名"地址系统非常便利，但随着导航与智能手机地图应用程序的普及，"地段名"地址系统造成的不便会逐渐消失。

3.1.8　区分社交媒体中的谣言与真相

"医疗民营化"与"铁路民营化"曾经在韩国社会引发巨大争议。当时，民众之间广泛流传着下面这些谣言：

> "听说如果医疗民营化了，做个阑尾手术都要花 1300 万韩元呢！"
>
> "从水西始发的 KTX 铁路民营化了！以后从首尔到釜山要花 30 万韩元呢！"

我们在社交媒体上很容易结交朋友，好友人数可以达到数千名。例如，Twitter 对粉丝数量没有限制，所以博主可以将自己的意见一次性地呈现给所有朋友和粉丝。但社交媒体的这一特性也为谣言的滋生提供了温床，人们很难分辨社交媒体中哪些内容是谣言。因此，分析社交媒体时，过滤谣言是非常重要的。2013 年，KAIST 的车美英教授团队发表了题为《如何辨别谣言与真实信息》的论文（出处：http://mia.kaist.ac.kr/publications/rumor/），凭借这篇论文，车教授一跃成为国际知名的研究专家。研究团队选出了 2006 年~2009 年美国 Twitter 用户间广泛流传的 100 条新闻，对其扩散途径和使用的词汇特征进行了分析。结果表明，谣言具有如下几个特征：

- ▶ 长期流传；
- ▶ 在彼此无关的用户间零星传播；
- ▶ "不是""虽然不知道是不是真的，但是……""虽然不确定，但是……""我认为……"等词汇的使用率很高。

研究团队依据这些特征搭建了计算机概率模型，用于判断给出信息的真伪。接着提供了一些真实的新闻与谣言，让计算机自行判断。结果表明，计算机的准确率约为 90%。图 3-9 中，(a)Bigfoot 属于谣言，可以看出谣言扩散时由多人逐渐、持续地散布相同内容。而真实新闻的传播特性则是，特定的人向相识的人一次性散播。与真实新闻相反，"XXX 说……"这种常见的谣言是随机向其他人持续扩散的。

另外，即使时间流逝，大部分谣言依然处于传播过程中，而普通信息在经历一次峰值后就迅速消失，如图 3-10 所示。

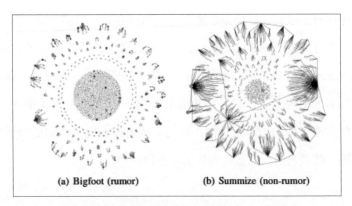

图 3-9　谣言与事实的传递形态（Diffusion network）

出处：http://mia.kaist.ac.kr/publications/rumor/

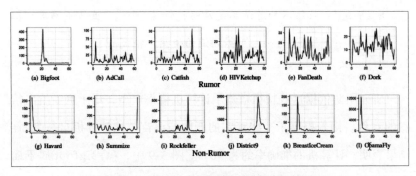

图 3-10　各条谣言与真相被提及次数的时序分析

出处：http://mia.kaist.ac.kr/publications/rumor/

　　目前，基于上述研究结果的社交媒体分析工具尚未出现。在社交媒体中甄别真伪对于社交媒体未来的发展是非常重要的，特别希望政府机构将此类算法应用于社交媒体分析，以核实政策落实情况，并注意是否有误导民众的恶意组织存在。

3.2　社交媒体分析 3 步骤

　　了解社交媒体分析的过程相当重要，因为从中可以得知社交媒体分析中使用了哪些工具以及采用了何种方式。图 3-11 描述了社交媒体的分析过程。

3.2.1　用户需求

　　与最终用户的需求一致。

◆ **提取文本数据的网站**：数量可能达到数百或数千个。

◆ **关键词词典**：由收集的必要关键词构成的词典，分类学（Taxonomy）中称为"关键词分类词典"，除关键词外还包含同义词。比如分析"海云台区"时，要将人们可能使用的所有词汇都囊括在内，如"海云台""海云台区"，还要包含"河云台""河云台区"等拼写错误的词汇，有时词汇量可能会达到数千甚至数十万个。分析人们对某个公司及其竞争产品的感受（Posting）时，要分析的词汇量往往超过 100 000 个。

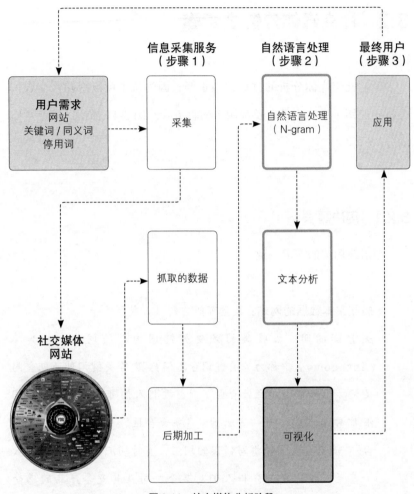

图 3-11　社交媒体分析阶段

◆ **停用词**: 在关键词词典定义的词汇中可以查找到停用词，它是进行分析时必须剔除的词汇。比如，在海云台区社交媒体分析中要将电视剧名称"海云台恋人"排除，因为出现"海云台恋人"这个关键词的帖子很有可能是讲述电视剧相关内容的，而不是海云台区相关的内容。

◆ **其他需求**：指特定网站中出现特定单词时进行特别处理的需求。比如，新闻网站出现特定关键词或企业领导的姓名时，可以要求包含刊登新闻的机构名、新闻发布时间、报道新闻的记者姓名、电子邮件等。因为提及本公司老板的姓名时有两种可能，新闻或者对公司有利，或将造成不良影响。因此，必须查看此类新闻的内容，并在必要时记录报道新闻的记者姓名。

3.2.2　步骤1：Web信息采集

Web信息采集是指借助特定软件从指定网站复制并获取其中内容。采集信息时并非只获取信息，而是依据给定的关键词词典创建索引，以方便搜索。Web信息采集按照设定的周期自动进行，只复制改变的内容。比如，如果将周期最大限度地缩短为15分钟左右，那么几乎可以实时获取特定网站的内容，从而对特定内容的生成进行监控。这样的Web采集软件在搜索引擎公司得到广泛应用，因为搜索引擎中必定包含Web采集系统。提供Web采集服务的公司有Saltlux、Wisenut、Daumsoft、Cyram、RSN等，这些公司还可以根据客户提出的特定要求提供定制服务。

3.2.3　步骤 2-1：自然语言处理服务

从 Web 采集服务公司获得的数据通常是包含了指定关键字的文本，而不包括图片、视频等数据。数据是由已发布新闻的 URL、博客、Twitter、网上社区、新闻网站等多种网站和文本等具体内容构成的，有特殊要求时，Web 采集公司也会将经过特殊处理的结果数据交付给客户。

自然语言处理服务处理的对象是 Web 采集服务中获得的数据，进行自然语言处理时，会去除助词，只保留名词、动词、形容词等。出现停用词时，则删除整个帖子。提取事先定义的关键词后，以关键词为中心，分析其前后几个单词中是否有特定词汇出现。比如，可以给出如下命令："在'大数据'这一关键词前后出现的 10 个词汇中分别统计 Hadoop 与 NoSQL 出现的次数。"通过该分析可以了解 Hadoop 和 NoSQL 哪个词与"大数据"的相关度更高。

自然语言处理过程中，对特定关键词要增加其权重。比如，增加权重时若出现本公司特定产品名、管理人员名、经理姓名、董事长姓名或者"检察机关"和"消费者保护协会"等词汇时，表明情况不太乐观。此时可以提供升级服务并统计权重，高于临界值或检索出某些特定词汇时，自动向企业负责人发送邮件或 SMS，以便及时采取相应对策，避免事态进一步升级（Escalation）。

3.2.4 步骤 2-2: 文本分析

文本分析包括情感分析、联想词分析和社交网络分析等多种类型。

◆ **情感分析**: 事先制作情感词典，区分每个单词表达的喜恶。汉语中表达情感的词汇非常丰富，可以单独建立情感分析引擎，将喜恶划分为 5~10 个级别进行处理。进行情感分析前，情感词典要经过长期的适应性测试，所以其知识价值也应该得到认可。

◆ **联想词分析**: 联想词是指跟随特定关键词一起出现的词汇，联想词分析即对联想词进行罗列，分析时提取的数量一般为 10~100 个。

◆ **社交网络分析**: 重点并不在于特定文本，而是将文本（Node）与文本连接（Link）后，对其扩散和进化过程进行总体的计量分析。

3.2.5 步骤 2-3: 可视化

可视化能够使用户轻松、快速理解社交媒体分析的含义，包含 UI/UX，如图 3-12 所示。

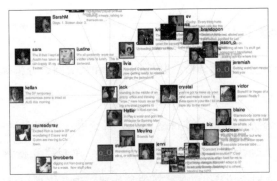

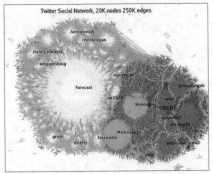

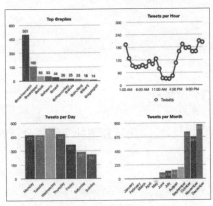

图　3-12

出处：http://flowingdata.com/2008/03/12/17-ways-to-visualize-the-twitter-universe/
短链接：http://goo.gl/t1f17P

86

3.2.6 步骤 3：最终用户

经过步骤 2 的自然语言处理后，最终用户即可看到最后的分析结果。最终用户可以将步骤 1 的工作外包给其他企业，通常是搜索引擎公司。这种情况下，最终用户从外包企业获得文本数据并保存，经过自然语言处理阶段后，再由内部人员进行可视化处理。

最终用户也可以将步骤 1 和步骤 2 全部外包，此种情形下，用户可以使用外包企业提供的画面，搜索自己感兴趣的关键字，然后进行社交媒体分析。步骤 1 和步骤 2 的外包企业会以 ASP 形态提供社交媒体分析工具，以这种形式提供服务的企业有 SKT 的 Smart Insight 和 Daumsoft 的 Social Metrics 等。

3.3　社交媒体分析应用领域

应当进行社交媒体分析的领域非常多，下面列举其中一部分。

3.3.1　新品研发及上市效果分析

开发新产品时，通过对社交媒体中人们热议内容的分析，可以为新产品添加功能，或者发现现有产品的不足，对产品进行升级。同时，发布新产品时，分析人们对产品的反应可以检验产品的上市效果。

3.3.2　广告效果分析

广告是一种高成本营销手段，因此，广告的宣传目标是否正确、代言人是否有效宣传了公司的产品与服务、代言人形象能否成为宣传点等都需要进行明确分析。如果广告宣传效果好，那么代言人与产品名就会融合在一起，比如李孝利手机、金妍儿空调、全智贤炸鸡、金秀贤皮包等。人们都知道他们代言的是什么产品，但却不知道生产商。类似这样的案例都可以说是成功的广告案例。

3.3.3　企业信誉风险 / 危机管理

经历了"浦项制铁方便面高管"事件①后，人们开始认识到社交媒体的强大力量，企业的信誉风险管理（Reputation risk）也变得更加重要。企业信誉变差时，股价就会暴跌，企业的价值也会随之下降。企业信誉风险种类繁多，比如，与职员、领导、业主名誉相关的负面报道，产品缺陷导致的事故，以及企业内部腐败或受到合作公司丑闻波

---

① 2013 年 4 月，浦项制铁某高管因对机内餐饮不满而要求空姐煮方便面，被拒后以各种理由 3 次让空姐为其煮面，甚至用杂志殴打空姐。飞机抵达洛杉矶后，美国联邦调查局介入调查，该高管选择回国接受处理，最终道歉并被免职。

及等。企业信誉风险管理一般由宣传部门负责，近年来，企业宣传部门的员工大都从指定服务供应商获得社交媒体上与本企业有关的新闻并进行分析。但遇到特殊情况而无法使用这种方式时，企业就会组织兼职人员成立专门小组浏览相关文章。企业对自身商业信誉的重视与谨慎可见一斑。

3.3.4　VOC

顾客在社交媒体上发布的不满、抱怨称为 VOC（Voice of Customer，客户之声）。虽然各公司的客服中心都具备 VOC 功能，但社交媒体上仍然会留有对各类产品的不满和抱怨。与企业信誉风险管理一样，必须及时发现这些不满与抱怨并进行相应处理。近年来，人们愈发倾向于将公司内部 VOC 与社交媒体 VOC 相结合进行分析。顾客向公司客服中心 VOC 投诉前，可能会将自己的不满先发表到社交媒体，所以企业分析社交媒体并发现用户不满后，应该针对其制定相应对策，同时对客户中心负责 VOC 的员工提前进行相应培训。

3.3.5　社会研究

前面提到的观影类型与地址系统的研究实例都属于社会研究范畴。就像制作调查问卷并在街头向行人做调查一样，通过社交媒体分析也可以获得人们对相关问题的看法。这种方式具有快速且价格低廉的优点，但这并不意味着社会研究可以完全取代传统研究。特别是在非常专业的领域、需要调查专业人士的意见时，最好亲自拜访相关专家，向其咨询意见。

3.3.6　数据新闻

数据新闻并非指记者现场采访后编写新闻，而是通过社交媒体分析获得客观化的新闻素材，在此基础上编写新闻。近来，社交媒体分析已经开始广泛应用于新闻写作。

本章
小结

- 社交媒体力量强大，企业与政府机关必须善加利用。
- 社交媒体自身拥有鲜明特性，进行社交媒体分析时也应该充分考虑这一点。社交媒体上，感人的故事比诽谤性文字传播得更快，故事主人公也会受到人们的赞许。
- 社交媒体分析过程要经过几个复杂的阶段。用户可以使用其他公司提供的 Web 信息采集服务，也可以将整个社交媒体分析外包，然后以 APS 形式使用分析结果。根据企业的需求与实际情况选择合适的方式，这一点是非常重要的。
- 社交媒体分析的应用范围相当广泛，各企业都必须根据自身环境与实际情况选择如何应用社交媒体分析。

大数据小问答

 测验题1 以下关于社交媒体的说法错误的是?

❶ 社交媒体通过智能手机普及。

❷ 传统大众传媒是单向传播的,社交媒体则是基于双向交流的。

❸ 社交媒体产生海量数据。

❹ 社交媒体对传统的报纸、电视产生很大影响,但以后的影响力不会变大。

答案:❹ 社交媒体的影响力以后会越来越大。

 测验题2 以下关于社交媒体分析的叙述错误的是?

❶ 社交媒体分析是对社交媒体中的内容进行分析。

❷ 不是社交媒体分析就不属于大数据分析。

❸ 社交媒体分析包含文本分析。

❹ 文本分析也可以称为文本挖掘。

答案:❷ 社交媒体分析只是大数据分析的一部分。

测验题 3 海云台区案例体现的社交媒体分析的不足之处是?

❶ 海云台区辖区面积过小导致分析困难,分析结果也不准确。

❷ 社交媒体中有关海云台区的话题很少,所以分析困难。

❸ 除沙滩、海水浴场外,社交媒体中很少提及海云台区,所以分析困难。

❹ 海云台区以外的小城市、小郡落等在社交媒体上很少被提及,所以分析困难。

答案:❹ 海云台区是著名的旅游景点,在社交媒体中被大量提及,所以分析结果是可信的。但对于小城市、小郡落等很少被提及的地方,则很难进行分析。

测验题 4 社交媒体中的谣言与普通信息的区别是?

答案: 谣言多在非特定人群中传播,普通信息主要在认识的人之间传播。

BIG DATA

第 4 章

引入大数据项目时的
常见问题

我参与过许多大数据项目、BI 项目、CRM 项目、DW 项目等，本章将谈谈我的感受。进行数据处理、加工、分析项目时，业务部门必须与 IT 部门紧密合作，必须为 IT 部门提供强有力的支持。引入大数据时必须由 CRM、BI 和业务部门牵头，由于大数据项目涉及所有业务部门，所以要由企划部带领，然后由各业务部门主导项目的实施和应用。大部分计划引入大数据项目的企业虽然实际情况各不相同，但都会遇到类似问题，希望本章内容能够帮助各位发现相关问题并找到相应原因，进而给出合适的解决方案。

4.1　对大数据概念的理解不够

大部分人认为，"大数据技术采用多种方式对大量数据进行分析并得出所需结论（Insight）"。但在许多媒体的报道中，大数据技术就好象只按某个按钮就可以得出结果一样简单。每当遇到选举期或有大事发生时，都会出现对该事件进行大数据分析的报道。这些报道的内容不仅看上去轻松易懂，似乎也很有意义，所以很容易导致人们形成这种认识。其实，此类分析只是社交媒体分析而已，它只是大数据分析的一部分。

4.2　分享一下我的个人经验

企业内各部门对大数据项目的看法不同

实施大数据项目的过程中，我常常会冒出这样的想法："原来各部门对大数据项目的看法差别这么大啊！"

虽然企业各部门对大数据项目的看法彼此不同（如图 4-1 所示），但项目启动前不会有任何问题。然而，项目推进到一半左右时，这些看法的差异也开始在各个方面显露出来，项目随之变得举步维艰。对

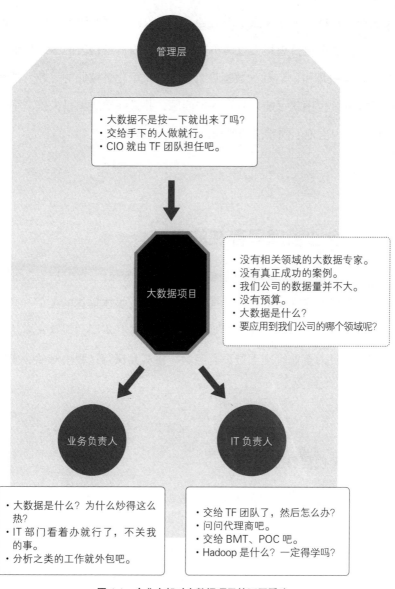

图 4-1　企业内部对大数据项目的不同看法

大数据项目持有不同观点是因为各个负责人的见解有明显不同，有的人会把大数据项目想得太过简单，又或者认为不是自己的事，只依靠IT技术解决即可。启动大数据项目前，如果不化解彼此的分歧，那么项目推进过程中就可能爆发严重的问题，并最终导致项目失败。下面探讨企业内出现不同看法的原因以及相应的解决方案。

4.3 企业管理层存在的问题

企业员工或管理层对大数据项目的认识与媒体描述的类似，因为实际进行大数据项目的人与旁观者的感受必然是不同的。从未实施过大数据项目的企业管理人员没有经验，在实际执行过程中必然会走很多弯路。

4.3.1 忽视自身影响力

企业管理层担任的角色会对大数据项目引入过程产生很大影响，而他们自己通常会忽略这一点。因为管理层认为自己不太懂得大数据相关概念，所以对引入大数据项目也不会有太大影响。但实际上，管理层在企业是否引入大数据项目的决策中起着决定性作用。引入大数据项目时，大部分企业管理者往往会说："我不太懂大数据，你们看着

办吧。"这时，大数据项目相关工作就会被交给懂得大数据概念的 IT
负责人，即将大数据 TF 团队交由企业 CIO 负责。类似这样的现象在
企业、政府机构、公共机构等单位都会发生，以后也会继续。企业管
理层如果不了解大数据概念，应该先学习，再对有关大数据项目的事
情做出决策。只是盲目地将大数据项目交给比自己更熟悉大数据概念
的员工并不是正确的做法。如果大数据 TF 团队的 CIO 表示自己负责
推进大数据项目，就会很容易让其他管理层认为自己该做的事情都做
完了。这样一来，大数据项目就不可能顺利开展。

4.3.2　将大数据项目想得过于简单

大数据技术在社会上备受青睐，已经成为一种发展趋势，所以企
业管理层会指派部门负责人了解自己的企业是否也可以引入大数据战
略。在他们的意识里，进行大数据分析就是收集并处理多个领域的大
数据，然后只需按一下电脑的回车键即可得到所需信息。但实际上，
引入大数据项目并处理大数据是一项艰苦的工作。大数据分析中，数
据操作的工作量占总体工作量的 90% 以上。所谓数据操作即先装载所
需数据，检查验证后进行数据分析，最终产生所需数据。这是一项非
常艰难的处理工作，需要耗费大量时间。

针对大数据的完整处理过程包含多个阶段，从数据源收集数据、
数据加载与安全处理、数据查询到数据分析及数据可视化等。每个阶
段都要处理大量数据，需要花费很长时间。得到最终结果前，不仅需

要经历多个阶段，付出大量努力，还要具备相关的专业知识。因此，大数据项目并不是按一下按钮就能轻松获得答案的自动化系统。

4.3.3 依靠"直觉"经营

企业存在的问题之一是，管理者决策时不依据客观数据，而依靠个人"直觉"。其实，从管理层会议资料可以看到，统计数据大多是过去的业绩，很难找到对未来的可靠预测或模拟效果，而对业绩的问责却相当严苛。企业具备长期的经营经验后，可以预测实际业绩的发展。预测到实际业绩可能下降或上升时，必须制定相应对策。但开会时如果只围绕着过去的数据进行决策，那么与预测未来并制定长期对策相比，管理者会在眼前的业绩上花费更多时间。

依靠企业管理者的"直觉"经营的企业中，业务负责人实现业绩目标就能保住职位，否则就会被问责。这种经营环境下，进行数据分析并预测企业发展前景、制定相应对策等工作自然就会被忽略。这种企业氛围中，研究和引入大数据项目必然会出现各种问题，导致不分析现有数据而只盲目分析新的大数据。

另一个问题是，人们历经千辛万苦分析大数据而得出的结果能否应用于企业决策。从常理看，将这么辛苦才获得的分析结果应用于企业决策是理所当然的事，但现实中的很多企业并没有这样做。因此，要摒弃依靠管理者的"直觉"经营企业的思想，转向依据数据经营企业，这也是解决大数据项目引入过程中相关问题的必要条件。

4.3.4 不能由 IT 部门领导大数据 TF

围绕大数据相关主题进行的员工会议中，发言最多的就是 IT 部门的负责人 CIO，因为他比其他员工更了解大数据技术。大数据技术通常属于 IT 技术范畴，所以决定引入大数据项目的公司高层往往会将 TF 团队交由 CIO 负责。但此处必须特别指出，虽然大数据技术是 IT 技术之一，但大数据项目并不是 IT 项目。

CIO 接管大数据 TF 团队后，会指派 IT 团队成员进行大数据项目实施相关工作。此时，由于 IT 团队成员不具备大数据领域的深厚知识，他们只能向提供大数据解决方案的公司请求帮助。这类公司会为其讲解国外同行引入大数据项目的案例，同时介绍自己公司的产品与解决方案。但即使得到了相关帮助，IT 团队成员对于自己公司应如何引入大数据项目依然无法找到灵感，此时就需要进行大数据 POC（Proof of Concept，概念证明）项目。由于大数据概念不易理解，所以要从公司业务中选择一项，将实际数据加载到处理大数据的计算机上，经过处理后向实际业务人员展示，这项工作就是 POC。该项目中，由于存在现实的企业安全问题，所以不能用真实数据进行测试，一般使用生产数据的程序制作的虚拟大数据。POC 项目一般都是免费的。

基于虚拟大数据的 POC 项目结束后，其结果会被呈送给业务负责人。但大部分负责人都会对结果表示失望，因为虽然可以直观地看到一部分业务情况，但由于使用的是虚拟数据，所以缺乏真实性。而且，尽管项目组千辛万苦处理了数十 TB 数据才得出结论，但企业业务负责人却不以为然，因为海量数据的处理过程是不可见的，他们最终看到的只是一些与现实业务脱节的数字和图表。对此，他们的反应大致如下：

"数据怎么是错的？这就是大数据？到底想给我看什么？图表制作得倒是挺漂亮。那大数据会如何帮助我们开展工作？好让人失望啊。"

大数据系统构建之后，由业务部门使用，但如果业务部门感受不到 POC 的价值，也不信任它，就会对大数据系统敬而远之。出现这种情况时，业务部门就不会再积极参与 IT 部门领导的大数据 TF 团队的工作。如果业务部门的参与度降低，那么大数据项目的启动将会变得非常困难。无论哪个业务部门，只有积极支持和参与，大数据项目才能顺利启动。即使大数据项目成功启动并搭建系统后，如果得不到业务部门的积极配合，那么系统使用率也不会太高，引入大数据战略的效果也会荡然无存。总而言之，由 CIO 担任大数据 TF 团队的领导是不可取的，IT 团队的角色应该为大数据 TF 团队提供支持和帮助。那么，大数据 TF 团队应该由谁负责呢？

大数据 TF 团队应该交给负责公司综合性实务的经营策划部或创新经营部等可以直接或间接向公司 CEO 汇报的部门领导。因为大数据项目不是 IT 项目，而是涉及公司所有业务的决策方案。因此，公司所有的实际业务部门必须积极寻找将大数据战略应用于自身业务的解决方案。

4.3.5 引入大数据项目需要巨额投资吗

　　事实上，根据大数据项目引入方式、级别的不同，需要投入的成本也相差甚多。我希望大家明白，投入大量资金并不意味着大数据项目一定会成功。大数据项目并不是简单地听取要求，制作 RFP（Request for Proposal，需求说明书），然后选定承办公司实施项目。开展大数据项目前，需要进行大量准备工作。如前所述，不仅要形成依赖数据进行决策的企业文化，还需要提高业务负责人的数据分析能力。因此，大数据项目在启动初期并不需要投入大量资金，只要为员工进行相关培训即可。根据内部员工的水平，需要进行练习时，可以使用企业内部设备；员工水平提高后，可以考虑分阶段引入大数据系统。依照我的个人经验，一般企业想达到这个程度需要 1~2 年。全面引入大数据前，内部职员要充分接受技能培训。引入大数据系统的正确顺序为：先在实际业务中应用大数据思维，对其效果进行验证，然后再构建大数据系统。充分激发职员创意，且在有必要处理大量数据时，即可开始考虑引入大数据系统。

　　引入大数据系统需要制定长期计划并事先培训，换言之，不必进行一次性投资。引入大数据系统只是引入大数据战略的一个环节，与引入系统相比，应该将更多时间投资到大数据知识培训和数据分析练习上。

4.4 业务负责人存在的问题

4.4.1 自身数据分析能力不足

大部分业务负责人认为数据分析不是业务的重要组成部分，因为他们的业务中并不包含这部分工作。需要进行分析时，他们认为只需将数据分析工作外包给相关专家即可。引入大数据项目时，将其引入哪个业务领域，即确定大数据项目主题是最难决定的事情。那么应该由谁确定大数据项目主题呢？由负责大数据的 TF 团队吗？大部分人都是这么认为的。通常，企业中由 IT 部门承担大数据 TF 小组的工作，但由于 IT 部门对整个公司的业务并不了解，所以由其确定大数据项目主题并不妥当。那么，该由公司管理层决定吗？这也是不对的，由实际的业务部门确定大数据项目主题才是最适当的做法。

但是，业务部门的员工都不具备大数据知识，这也是各业务负责人必须接受大数据分析方法培训的原因。最好的办法就是由企业中接受相关培训的业务负责人确定大数据项目主题。

4.4.2 将数据分析工作外包而只接收分析结果

业务负责人将数据分析外包后，通常会交待承包公司："这是我们公司的数据，你们帮忙分析一下，然后帮我找出一些新的资讯和灵感。"但数据分析承包商真的可以如业务负责人要求的那样，将新的发现和结论提取出来吗？实际上这是不可能的，因为要分析数据就必须对数据字段（Data Field）进行说明。缺少了对数据字段的说明，就不可能进行数据分析。大部分企业中并没有专人负责数据编写，所以通常无法对数据进行说明。此外，数据中的离群值（Outlier）也是个很大的问题，它在数据分析过程中时常出现。所谓离群值是指，在特定时间段销量猛增，或者在某个无法理解的位置出现特定数据等情况。遇到离群值时，必须决定将其删除还是归结到数据中一起分析。如果无法说明离群值，那么数据分析最终得到的结果必将与现实相去甚远。

4.4.3　认为大数据分析与传统数据分析差别很大

其实，大数据分析与传统数据分析几乎没有差别。无论大数据的数据量有多大，分析数据前都要先将数据精简到所需的程度，精简后的数据与传统数据并没有太大差别。而且传统数据的容量也并非想象中的那么小，所以传统数据的分析技术与大数据的分析技术相差无几。因此，对业务负责人进行大数据分析能力的培训并不是让他们学习一种新的分析技术，而是让其具备分析现有业务数据的能力。

4.5　IT 负责人存在的问题

4.5.1　不愿意学习 Hadoop

　　Hadoop 是 Doug Cutting 2005 年在雅虎任职时开发的大数据处理软件。Doug Cutting 从雅虎离职后，将 Hadoop 源代码捐献给了 Apache 软件基金会并公开了源代码。迄今为止，Apache 软件基金会一直在对 Hadoop 进行升级更新，目前有 Apache 版本以及 Cloudera、Hortonworks、MapR 三个公司创建的多个版本。大部分 IT 负责人都对 Hadoop 这一开源软件感到非常陌生。Hadoop 与传统数据库中使用的硬件或软件略有不同，传统数据库主要使用 UNIX 系列的硬件，而 Hadoop 的硬件则由多台并联的 x86 系列 CPU 的普通服务器组成。此外，由于 Hadoop 并非传统的商业软件，所以拥有非常多同名应用程序。也正因如此，许多人对学习 Hadoop 感到很恐惧。Hadoop 的所有管理命令都是在类似于 DOS 的终端模式下直接输入的，所以很难学。不仅如此，由于其采用 Map and Reduce 方式处理数据，所以开发时必须遵循这一方式进行编码。

　　虽然 Hadoop 软件非常难学，但企业的 IT 负责人必须掌握。如果企业电算人员对 Hadoop 都不熟悉，那么引入大数据项目将会非常困难。目前有很多企业将开发工作外包，但实际上业内精通 Hadoop 的专家很少，所以应该让员工亲自学习 Hadoop 并在公司内进行实际操

支付环节放弃购买，这种行为对经营在线商城的企业销售额有非常大的影响。

如果企业能够知道顾客放弃购买的原因，然后有针对性地对问题进行整改，就能大大降低顾客放弃购买的概率，从而提高购买率。分析 Web 日志可以实现这一目标，分析内容包括顾客在哪一阶段放弃购买、支付过程是否复杂、购买过程中是否有不必要的活动、支付时要求提供的信息是否过多等。通过分析可以知道顾客在哪个环节放弃购买，找到原因后重新设计购买流程可以有效提高购买成功率，这无疑会对增加销售额有很大帮助。亚马逊商城将购物步骤做了最大精简，力图实现顾客一键购买，这一结果就是通过大量分析 Web 日志实现的。

引入大数据项目的目的在于依托数据进行科学决策，通过大数据分析，任何人都能明确发现问题、得出结论，并做出合理决策。如果企业管理层养成依托数据进行决策的习惯，那么企业必定能够快速壮大。

4.6.4　是否引入大数据系统要由实际业务负责人判断

引入大数据系统与引入大数据分析技术是不同的。企业可以在任何时间引入大数据分析技术，众多数据分析技术中，PC 上可以免费使用的统计分析语言是 R 语言。实际业务负责人掌握 R 语言后，可以将其灵活应用于实际业务。如果努力学习，一个月之内就可以学会。但在 PC 中使用 R 语言进行数据分析就会发现，它是有局限性的。因为 R 语言能够处理的数据是有限的，就像 PC 或笔记本电脑中可使用的内存是有限的一样。要想顺利分析数据，需要具备可以处理海量数据的软硬件作为支持。虽然使用云服务可以缩减购买早期系统的费用，但加载实际数据进行分析的过程中还是会遇到一些问题，比如云服务中出现的数据安全问题和随着云使用量的增加而增加的费用问题。有时，加载大量数据并启用大量处理过程而产生的使用费比购买实际系统的花费还要多。

此时，企业应该直接购买硬件与软件，这样反而会更划算。个人 PC 或笔记本电脑无法胜任处理数据的任务而现有系统又没有处理余力时，可以考虑引入大数据系统。

- 企业管理层、各业务部门和 IT 部门对大数据项目的理解与期待有所不同，大数据项目进行时，他们之间会发生大量分歧。因此，让员工不断学习大数据相关概念、统一对大数据概念的认识与期待是非常重要的。

- IT 部门不能担任大数据 TF 团队的领导。如果由 IT 部门负责，那么各业务部门的参与度和积极性就会降低，最终导致无法构建符合实际业务需要的系统。

- 大数据项目的启动并不意味着已经引入大数据系统。引入大数据系统之前必须进行大量准备，制定长期计划并根据计划逐步准备是保证大数据项目成功的捷径。

大数据小问答

 测验题 1 引入大数据项目时, 为何大家对"大数据"的概念会有差别?

❶ 由于缺乏对"大数据"的深刻了解

❷ 因为认为自己对"大数据"的看法是最正确的

❸ 因为大家对"大数据"的关注程度不同

❹ 因为认为自己所做的事与"大数据"无关

答案: ❶ 简言之, 这是因为不了解"大数据"概念而造成的。"大数据是什么? 通过哪些过程可以获得业务洞察力? 如何应用大数据?"对以上这些知识的缺乏都会导致人们对"大数据"的观念产生差别。

测验题 2 为什么企业管理层会认为"大数据"很简单?

❶ 由于他们对"大数据"的认识只停留在表面

❷ 因为学习过"大数据", 所以觉得简单

❸ 从电视中接触到大量"大数据"相关知识, 拓宽了视野

❹ 从"大数据专家"那里听说"大数据"很简单

答案: ❶ 因为他们缺乏对"大数据"的深刻认识, 对"大数据"概念了解得越多, 就会觉得难度越大。

测验题 3 为什么TF团队不能由IT部门领导?

❶ 因为 IT 部门技术水平不够

❷ 因为 IT 部门不太懂大数据概念

❸ 因为 IT 部门想获得更多经费

❹ 因为 IT 部门领导 TF 团队将降低业务部门的参与度

答案: ❹ 若由 IT 部门领导 TF 团队将很难准确把握业务部门的真正需求,也就
很难得到业务部门的合作与支持,确定大数据项目主题的工作就会变
得非常困难。业务部门参与积极性不高时,大数据项目甚至可能无法
启动,而且即使构建大数据系统,也可能不能很好地应用于实际业务。

 测验题 4 引入大数据战略的目标和目的是什么?

答案: 企业引入大数据战略的目标是依托数据进行决策,目的在于希望引入
大数据战略后通过数据解决自身存在的问题。

BIG DATA

第 5 章

大数据方案
选择方法

选择大数据项目主题是非常困难的。引入大数据项目过程中会遇到各种问题，也没有成熟的解决方法。本章内容以我多年的大数据项目实施经验为基础，向各位介绍大数据项目主题选择方法。借助这些方法，大家可以轻松选择大数据的主题。

5.1 确定大数据项目主题

各企业、公共机构的工作人员最头疼的就是大数据项目主题的选择。大数据项目主题是指实际要实施大数据项目的领域或主题区域，它在公共机构中也称为"大数据课题"。其实，大数据项目主题之所以难以确定是由其自身特性造成的。IT 负责人通常对实际业务不熟悉，但不懂业务就无法进行数据分析，所以只有既了解实际业务情况又懂得分析数据的人才能提出大数据项目主题的方案。因此，由 IT 负责人确定大数据项目主题是相当困难的。

那么，可以由业务负责人确定大数据项目主题吗？他们虽然对公司业务十分了解，但不具备大数据领域相关知识，也不知道应该将大数据分析引入自己公司的哪部分业务。并且，由于业务负责人精通的业务领域比较狭窄，所以很难进行多领域数据结合而成的复杂形式的聚合服务（Mash-up service）开发。

外部咨询公司可以确定大数据项目主题吗？既能，也不能。咨询公司虽然对大数据项目整体非常了解，但不熟悉用户公司的业务，所以他们只能为客户提供多个大数据项目主题以供选择。对于企业而言，还要进一步考察究竟哪个主题适合、哪个主题在本公司业务中有实现可能。因此，也不能 100% 依靠咨询公司。

如上所述，很难由 IT 负责人和业务负责人确定大数据项目主题，也不能将这项工作无条件委托给咨询企业，那么究竟应该怎么做呢？

有什么好方法可以成功选择大数据项目主题呢？大数据 TF 团队、业务团队、IT 团队以及咨询企业应当同心协力，根据编写好的解决方案确定大数据项目主题。

正确选择大数据项目主题是关系大数据项目能否成功的重要因素。因此，为了确定合适的主题，需要各团队通力合作，全力以赴。特别是大数据 TF 团队要提供全面的支持和参与，以确保选题顺利进行。团队必须时刻牢记，与咨询公司一起选择正确的主题是自己的责任。

5.1.1 灵活运用大数据咨询公司

要成功确定大数据项目主题，必然需要咨询公司吗？当然需要。但各位要知道，大数据项目与 ERP（Enterprise Resource Planning，企业资源计划）等传统 IT 项目不同，咨询公司在其中所起的作用也不一样。传统 IT 项目中，企业在第一阶段向咨询公司咨询，然后由咨询公司"主导并定义"整个 IT 项目的推进目的、具体规划构思及项目流程等，以此为基础进入第二阶段，即项目构建阶段。也就是说，传统 IT 项目中，咨询公司在第一阶段的项目咨询中起主导作用；而大数据项目中，咨询公司的定位则由"主导"转变为"协助"或"支持与评估"。确定大数据项目主题的工作是业务部门承担的，此过程中，咨询公司只为其提供帮助和支持、协作，并对备选主题进行评估。

为了充分利用大数据咨询公司，需要将确定大数据项目主题这部分工作进行项目化。这可以在公司内部进行，但由于企业自身开展大数据培训、数据分析和制定总体规划有一定难度，所以将这些工作委托给咨询公司会减轻很多负担。

需要注意，即使要进行选择大数据项目主题的相关咨询，也应该在业务研讨会的最终报告结束之后再决定是否开展大数据项目。因为并非所有企业都适合开展大数据项目，只有企业具备开展必要性并已做好相关准备时，才适合进行大数据项目。

5.1.2　确定方法与流程

下面介绍的大数据项目主题确定方法与流程源自我多年的大数据项目工作经验，各位可以借此了解如何在大数据项目中与咨询公司、大数据 TF 团队、业务团队、IT 团队合作，以保证大数据项目顺利开展，如图 5-1 所示。

大部分企业与公共机关的业务负责人都不具备数据分析经验，对于这些没有亲自进行过数据分析的人而言，寻找大数据项目主题是非常困难的。但为了成功开展大数据项目，业务负责人必须亲自分析，并为 TF 团队提供适当反馈。也只有如此才能保证项目完成后，大数据系统得到更好的利用。

大数据项目主题确定方法中包括大数据业务研讨会（Workshop）。首先从自身业务中挑选出对数据分析有需求的业务组，然后选择至少 5 个课题。被选中的业务负责人对自己负责的业务产生的数据进行分

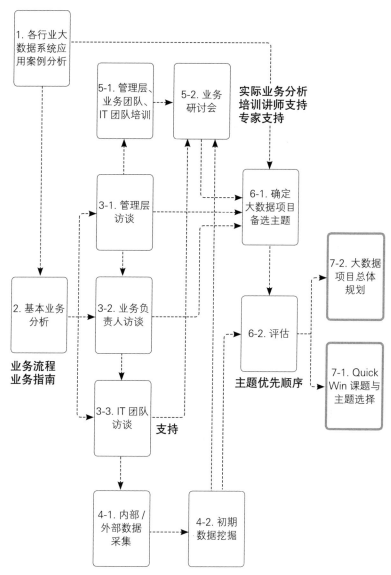

图 5-1 大数据项目主题选择方法

析。业务负责人分析时，数据分析助教可以在分析方法上给予指导。业务负责人应该每周与业界专家面谈 1 次，介绍自己分析的课题相关内容并听取专家建议。2~3 个月后，各负责人对相应课题就会得出自己的分析结果，之后应用于业务，获得可喜的成果。业务负责人通过研讨会可以体验数据分析过程，并感受分析结果带来的改变，这些经验将为日后成功开展大数据项目奠定基础。

研讨会开展期间，大数据咨询公司的顾问会不断挖掘企业数据，然后与参加研讨会的业务团队共享结果，掌握企业的数据质量、特点以及存在的问题后，为确定今后可执行的主题提供相关信息。确定可执行主题对制定总体规划也起着决定性的作用，所以确定大数据项目主题的方法中，也包括制定大数据项目最终总体规划和 Quick Win 课题的选择。

各团队作用如表 5-1 所示，结合图 5-1 中的大数据项目主题选择方法，可以明确知道各团队应该承担的工作内容。

表 5-1　确定大数据项目主题时各个团队的作用

	大数据 TF 团队	业务团队	IT 团队	咨询公司
方法	应用方法，领导实际项目			根据大数据项目主题选择方法开展项目
案例分析	参与其他公司的案例分析，确定是否适用于本公司及相关部门，汇总本公司数据分析现状	了解其他公司案例能否应用于本公司，报告数据分析现状		分析同行业大数据系统应用案例、案例报告会、掌握并评估现有数据分析现状
培训	管理层 / 业务人员培训	实际业务（分析）培训	IT 培训	培训（管理层、IT、实际业务）

	大数据 TF 团队	业务团队	IT 团队	咨询公司
业务研讨会	项目主导，选择各业务团队并提出分析课题	参加研讨会、选择分析课题、每周报告分析结果、最终报告	收集、提供研讨会所需数据和基础设施	初期数据采集、为业务研讨会提供分析支持、分析技术咨询、助教支持、专家评估
大数据项目主题	制定向各业务团队推荐的主题的模板设计并汇总	制定大数据项目主题模板	各主题的内部/外部数据收集	提供大数据项目主题编写模板、主题评估、选择 Quick Win 课题
最终报告	确定是否推进大数据项目	各业务团队分别报告		评估
大数据项目总体规划	提出条件、项目可行性并验收内容		现有数据管理、DW/BI 系统调查	编写大数据项目总体规划、RFP，提出大数据项目推进方法

5.2 步骤 1：各行业大数据系统应用案例分析

步骤 1 中，要提前为确定大数据项目主题做准备。大数据项目中，进行大数据系统应用案例分析是非常重要的。通过分析各行业收集的数十个案例，可以找出一个共同的指向。也就是说，在特定行业中进行的类似分析也可以应用于同行业的其他企业。

大数据系统应用案例应该包含实现日期、国家、主管单位、行业分类、项目名称、引入大数据项目前的问题、热点、决策的主要因素、所需数据（内部/外部数据）、分析方法、用途（内部/外部服务）、负责机构、数据容量、使用的解决方案、项目周期、大数据系统应用内容、启示、出处等内容，唯有如此才能正确应用。企业如果不直接投身项目并进行相关咨询，就无法获取这些信息。但从接受咨询的企业角度看，自然不希望自己公司的信息被泄露。特别是在韩国，大部分企业都希望看到其他公司的案例，但又不希望自己公司的案例被泄露。在这种很难获得案例的情况下，具有大数据详细应用案例的咨询公司就表现出强大的优势，因为这些详细的大数据系统应用案例会对大数据项目主题的确定产生巨大影响。

以下是确定大数据项目主题时必需的信息。

◆ **行业分类**：大数据项目的实现方法、使用技术和分析方法会根据行业的不同而有所差异。比如，制造业的大数据项目与物流业的大数据项目就完全不同。因此，掌握大数据系统应用案例的所属行业是非常重要的。

◆ **业务领域**：客户、营销、质量、风险管理、客户反馈及各种反欺诈（Fraud detection）等业务区域。

◆ **分析方法**：虽然有些人认为分析方法并不重要，但只有掌握了分析方法才能以此类推分析方向、所需数据、分析算法和效果等。确定大数据项目主题的过程中，分析方法是非常有用的信息。具体案例如下所示。

• 描述性分析（Descriptive analytics）：分析"过去发生了什么事"，可以使用 SQL 技术。

- 诊断分析（Diagnostic analytics）：分析"何种原因导致该现象"，可以通过多种统计方式进行。

- 预测分析（Predictive analytics）：分析"将要发生什么事"，以深厚的商业逻辑知识为基础进行预测（Forecasting）。

- 规范分析（Prescriptive analytics）：分析"未来发生此类事件时的应对方法"，需要具备丰富的商业知识与经验。

- 优化（Optimization）："出现此类事件时需要知道如何调整业务以进行应对，并制定相应战略"，这不仅需要具备丰富的商业知识和经验，还要有设计商业流程的咨询能力。

如图 5-2 所示，不同分析技术产生的商业价值各不相同，所需的专业人才类型也不同。

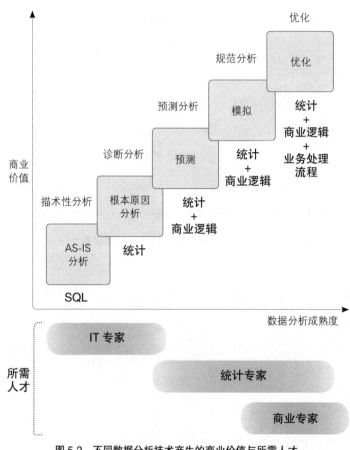

图 5-2　不同数据分析技术产生的商业价值与所需人才

通过物流业案例分析发掘主题

　　案例中总是包含着故事，这也使得大数据分析更加有趣。下面是介绍大数据相关应用时经常提到的案例，其中的故事发生在美国排名第二的大型连锁超市 Target。一位高中女生收到了装有婴幼儿用品打折券的邮包，她的父亲对此非常生气，所以向超市投诉："你们向我女儿宣传这种东西，是打算鼓励还在上高中的她怀孕吗？"收到投诉之后，Target超市的工作人员立即表达了歉意。但几天后，超市员工再次向那位父亲致电表示歉意时，他却说："我跟女儿谈话之后发现她的确怀孕了，应该是我向你们道歉。"那么，Target超市是如何知道他的女儿怀孕的呢？

Target超市会对顾客购买的商品进行分析，这种方法称为"购物篮分析"（Market basket analysis）。通过该分析方法可以发现，怀孕的女性主要购买的商品包括无香乳液、肥皂，含有钙、镁、锌的维生素，脱脂棉球和手部消毒产品等。如果年轻女性突然开始购买这些物品，那么基本可以判断其已经怀孕。Traget开发了"妊娠评分"（Pregnancy score）系统，并由此预测该名女生已经怀孕。

这一代表性案例向人们展示了大数据的魅力及其蕴含的巨大能量，所以众多传媒、图书和讲义中都对其进行了介绍。

下面将该案例应用于韩国物流业，并以露营活动为例进行讲解。最近，韩国国内掀起了一股露营活动的热风。如果设计露营积分系统并根据其结果向顾客推荐商品，将会对销售非常有帮助。露营积分系统对顾客购买的露营产品进行核算，以此得出购买者对露营活动的热衷程度。如果购买者达到狂热程度，就可以向其推荐喜爱品牌的高价产品，比如帐篷的打折信息等。如果顾客购买了中低价的睡袋和便携式炊具，那么可以判断其露营积分处于中间水平，此时可以向其推荐低价露营椅或烧烤炉。

图　5-3

出处：www.forbes.com/sites/kashmirhill/2012/02/16/how-target-figured-out-a-teen-girl-was-pregnant-before-her-father-did/

短链接：http://goo.gl/gdMQzn

5.3 步骤 2：基本业务分析

　　基本业务分析由大数据咨询公司承担，人们在基本业务分析阶段的 1~2 周内都会觉得心情很轻松，因为大部分咨询公司的员工都认为该阶段只需简单了解业务基础。然而从实际开展的项目中可以看出，该阶段几乎决定着今后所有咨询结果，同时也是全面了解企业的最好时期。从整体咨询时间看，与得出结果所花费的时间相比，在其基础上进行的分析结果归档工作会花费更多时间。

在该阶段，咨询公司会纵观整个企业。企业内部的大数据 TF 团队的工作如下所示。

将咨询公司设计的用于确定大数据项目主题的模板分发给各业务部门，并使其依照模板要求填写。各业务部门选择多个大数据项目主题，收集主题所需数据并汇报。各团队都必须集中精力充分准备，该模板包括前面大数据系统应用案例中提到的各种要素。隶属于企划部或创新经营部的大数据 TF 团队负责人需要直接向公司总经理或高层汇报，所以各业务部门都会按照 TF 团队的需求认真准备资料。但此时业务部门对大数据项目还不怎么了解，很可能会非常不知所措。只需将其视为各业务部门为参与大数据项目主题收集资料而进行的预演即可。大数据项目主题并不是可以一次确定的，之后进行的培训与研讨会将逐渐加深企业人员对大数据分析的了解，同时，大数据的主题也会研究得更详细。

大数据咨询公司要进行的工作如下所示。

咨询顾问对同行业或同领域中的大数据系统应用案例进行分析，总结有可能成为大数据项目主题的相关领域。之后了解企业的决策文化，检查业务负责人的汇报和数据分析能力等。

为了更好地了解相关企业的整体业务，要对企业的组织结构图、资产负债表、损益表、审计报告等进行研究。了解基本的收益结构后，结合其他组织结构图，掌握企业内部的权力结构，这是为了了解大数据 TF 团队在企业中的地位与存在价值。对企业结构有了大致了解之后，再找出企业内哪些业务需要应用大数据战略。无论大数据还是传统数据，都要明确掌握处理方法和分析目的。无法对其进行分析时，要搞清楚其中的原因，以及企业管理层对问题的看法。

现在，任何企业都应该已经找出自己的业务领域中可以应用第 1 章提到的数字商务的部分。接下来，需要分析未来新产业规划报告或者在新产业领域中应用社交媒体、物联网、移动通信、位置信息、日志信息、外部信息等的商业模式。同时还要分析竞争对手在新产业领域和现有业务领域中的发展情况，通过比较找出自己企业的优势与不足。

外部咨询专家很难在短时间内把握企业内部问题，所以最好由大数据 TF 团队一起分担这项工作。把握现状与查找问题由内部大数据 TF 团队负责，而制定相应解决方案与文档化工作则由咨询公司执行，这样可以节约时间、精力、成本。

这些基本业务分析结束后，以同行业其他企业的案例、内部分析案例、新产业分析、竞争对手分析结果以及各业务团队创建的大数据项目主题为基础，咨询公司可以检验大数据项目推动力，汇报主题挖掘项目的推进方向。可以说，这是成功挖掘大数据项目主题的基本计划。

5.4 步骤 3：访谈

访谈由咨询公司主导，包括管理层访谈、业务部门访谈和 IT 部门访谈。然而，仅通过一两个小时的访谈无法对相关部门的所有业务都有深入了解。特别是访谈中如果不针对具体问题提问，就无法得到相应的回答。因此，想通过访谈找出问题并提出相应解决方案并非易事，所以访谈前要做大量准备工作。

5.4.1 步骤 3-1：管理层访谈

所有访谈中，最重要的就是管理层访谈。首先要与管理层对话，了解其想法。其中，他们对大数据项目的看法、想在哪个领域应用大数据战略、采用何种分析方法以及希望得出何种结果等都非常重要。大部分管理层都会花费大量精力思考公司的大数据项目问题，所以他们对大数据项目的发展方向都有自己的看法。首先需要倾听他们的想法。交谈中，咨询专家听取管理层意见后要提出自己的见解，因为支付昂贵的费用进行咨询并不是为了让咨询专家简单地按照管理层的想法工作。因此，与企业高层交谈时，咨询公司必须派遣熟悉相应行业的高管级专家。如果管理层对大数据项目没有自己的想法或对推进方向没有具体构想，将很难顺利开展项目。

管理层访谈中，一定要针对项目规划进行讨论。咨询专家必须对项目的目的、流程、结果进行说明，虽然这些内容可能已经在项目启动会议（kick-off meeting）中提及，但在该阶段要做出更详细的说明，同时还要报告项目进行过程中可能出现的问题。此外，还要介绍企业中适合应用大数据战略的领域、业务，结论的产生过程以及项目的大致发展方向。实力不足的咨询专家在该阶段很难给出有用的建议，如果咨询专家说"只有项目开始之后才能知道"，这说明他没有大数据项目的经验。若咨询时在这个阶段无法掌握项目的大致发展方向，后期不仅会花费很多时间，也很难选择大数据项目主题。

企业管理层访谈结束后，也要经常与访谈过的管理层见面。这样不仅可以及时汇报项目中出现的问题，还可以经常倾听管理层的想法。因为企业管理层不仅要听取自己公司员工对项目的报告，还想倾听咨询专家的意见。

5.4.2 步骤3-2：业务负责人访谈

由咨询专家主导的管理层访谈中，参与者可以自由交谈，主要目的在于倾听管理层的想法。而业务访谈中，咨询专家要经过精心设计，明确自己需要获取和提供的信息。企业拥有很多业务部门，所以在管理层访谈和基本业务分析阶段需要确定进行访谈的具体业务部门。

业务访谈的目的在于获取大数据项目备选主题，大数据项目主题要由业务团队提出。为了使业务团队更准确地选出主题，需要咨询专家一同提取可以成为主题的相关因素。要想提取相关因素，必须从诸

多业务中分出可以 / 不可以使用数据解决的部分，这也是业务访谈的目的。

参加访谈的业务部门与咨询专家之间要考虑如下问题。首先，业务负责人经常会搞不清自己到底是在咨询还是在向咨询专家传授业务知识。而咨询专家也会认为，无论向业务人员提出什么问题都会得到敷衍的回答，完全无法获取所需信息。业务部门参加访谈的目的是尽快找出实际业务中的问题，并且期待咨询专家针对相应问题做出真实的判断，提供相应解决方案。业务部门参与的访谈次数越多，越可以为咨询专家安排更多相关工作。因此，他们应该积极参加访谈活动，针对自己部门的业务问题与专家展开讨论，同时对问题的解决方向提出自己的看法。为了自己的部门今后能够获得有用的结果，要经常参加访谈，尽可能多交流沟通。但事实上，业务部门负责人大多不愿意与咨询专家座谈，这对企业来说也是一种损失。

而咨询公司选择访谈对象时，如果选择太多部门，时间就会非常紧张。虽然访谈本身花费的时间并不多，但要为接受访谈的部门提供问题解决方案则需要做许多工作。因此，为了与所选部门充分交流，适当减少一些访谈对象是十分有必要的。我希望各位牢记，只有深刻理解大数据项目才能获得最好的效果。

比如，网上商城的营销负责人只掌握顾客购买的商品种类、购买量以及对促销活动的反应，因为了解这些内容是他的工作。但对于顾客为何关注某样商品、为何决定购买这件商品、为什么有的顾客没有直接购买而是将商品放入购物车以及购买过程中发生了什么问题造成支付中止等，大多数营销人员并不了解。这是因为这部分业务并没有相关定义，所以大家都认为这不是自己的工作。如果要查找这些问题的原因，就必须对 Web 日志数据进行详细分析。但企业一般不会指派具体人员负责这项工作，业务负责人也不知道如何做才能查找到原因。咨询专家一方面要仔细询问业务负责人的需求，另一方面也要深入了解他们一直从事的业务，同时给出这些问题的解决方案。如果是商业中的重大问题，咨询专家就应该在步骤 4-2 中通过初期数据挖掘验证问题产生的原因，然后给出解决方案。

5.4.3　步骤 3-3：IT 团队访谈

想要实施大数据项目的企业首先要判断自身是否具备大数据。大部分想实施大数据项目的企业其实都不符合条件，那么此时就没有使用 Hadoop 或 NoSQL DB 的必要。企业开始大数据项目前，应该先判断现在是否具备大数据。如果不具备，还要对将来是否会产生大数据以及可能产生的大数据容量进行判断。大部分 IT 部门都不会使用 Hadoop 或 NoSQL，因为它们与 IT 部门一直使用的数据库软件有很大不同，想掌握这些软件需要有强烈的学习欲望。如果企业现在就具备大数据或者将来有可能产生大数据，那么与 IT 团队的访谈中就要建议他们主动学习 Hadoop。这也是有必要在培训项目中加入 Hadoop 管理与编程内容的原因。

5.5 步骤 4：内部 / 外部数据采集与数据挖掘

5.5.1 步骤 4-1：内部 / 外部数据采集

访谈阶段全部结束后，应当以实际业务部门的访谈内容为基础，提取大数据项目备选主题。大数据项目主题的概念非常宽泛，确定前需要在数十乃至数千个数据项（Column、Attribute）中查找，这并非易事。因此，将含有数据项的表格或表格集设置为主题项目，掌握主题项目后再具体查找所需数据项。由于数据含义都非常类似，所以即使找到所需数据，也要确认它们是否全部是自己所需的。对于数据所处的位置、数据格式以及在需要的时间内是否可以获得初期数据挖掘所需数据等问题，都要进行深入了解，也要确认计算机等设备能否正常使用。事实上，在短时间内了解一个企业的数据是不可能的，而IT团队熟悉数据仓库中的数据结构与模式，所以需要得到其支持。

其实，数据采集与挖掘过程中最容易出现问题的是外部数据，所以必须掌握企业具备哪些外部数据及其获取途径和获取方法。因为有些数据需要付费购买，所以也必须了解这些社交数据的获取方法。首先假设我们能够获取外部数据，在此前提下查找数据。从最近的趋势看，公开的数据很容易得到；如果是不公开的数据，只要与拥有数据的企业或机关达成商业共赢的关系，通常也是可以取得的。只要不违反个人信息保护法，就应努力获取这些相关数据，这也是现在的行业氛围。

5.5.2　步骤 4-2：初期数据挖掘

初期数据挖掘并不是正式的数据分析，这个阶段主要查看数据数量、类型、分布、频率及误差，检查数据有无离群值，确定相关数据是否与实际业务一致，以及是否是想要寻找的数据等。这在统计学中称为"探索性数据分析"（Exploratory data analysis），如图 5-4 所示。

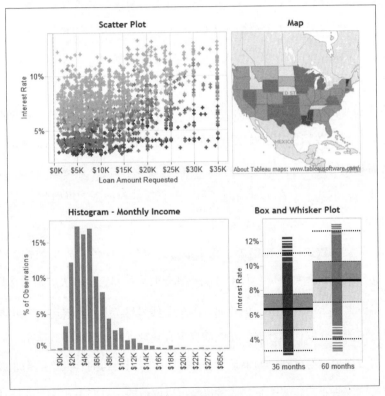

图 5-4　探索性数据分析

出处：http://www.jsquaredanalytics.com/session-topics/exploratory-data-analysis/
短链接：http://goo.gl/RxXvy5

典型的统计分析方法是先提出假设并构建模型，然后查找数据进行验证。而探索性数据分析则要在数据中寻找某种关系。如果将统计分析方法比喻为按照旅行社的行程表跟随导游旅行，那么探索性数据分析就是没有导游的自助背包游。数据挖掘过程中，分析专家寻找大数据项目主题的同时，也会积极探求业务发展的重要启示。从早期数据挖掘开始，可以着手准备数据分析方案和分析所需环境，也可以检查预设的分析方向是否正确。根据项目中得出的大数据项目主题指出评估方向，或者在实际业务研讨会中共享初期数据挖掘的成果，提高参会业务负责人的分析欲望。

5.6 步骤 5：培训与研讨

5.6.1 步骤 5-1：管理者、业务团队、IT 团队培训

确定大数据项目主题的方法中，为什么提到"必须对相关人员进行培训并召开研讨会"呢？如前所述，对于不同职务（管理层、组长、职员）、职责（业务团队、IT 团队）的员工，"大数据"的概念是完全不同的。虽然大家认为对"大数据"概念的认识差异不是什么大问题，但在项目后期可能引发很大的问题。由于得到大数据分析结果的时间要比想象的长，而且结论本身看起来并没有那么神奇，企业管理层可

能会对此感到失望。如果业务团队不懂得数据分析方法，那么他们对分析结果也不会感兴趣。引入大数据项目时，对"大数据"的本质越缺乏认识，项目失败的可能性就越大。只有想实施大数据项目的企业的所有级别、所有部门的员工都准确了解"大数据"时，项目才能取得成功。

图 5-5 是大数据培训课程案例。

虽然每个公司分配到大数据培训上的时间各不相同，但培训内容基本都包含大数据管理层课程、大数据商务课程、大数据分析专家课程、大数据 IT 课程（Hadoop、NoSQL）等。培训课程中应当通过持续的反馈与意见收集，总结业务部门与 IT 部门对大数据项目的意见和需求。

- **管理层与组长**

  针对管理层的培训内容主要有决策理论、大数据系统应用案例、大数据项目的问题和主题确定方法、推进战略等。只有"依据数据和事实经营"的理念成为企业文化，企业内部才能形成数据分析的氛围，产生灵活运用大数据思维的效果。这部分的培训时间为 2 天左右。

- **业务团队**

  业务团队需要学习大数据系统应用案例、大数据项目的问题、大数据分析方法、统计基础理论及统计语言。培养他们对本职业务数据的分析能力是非常重要的，为此，业务团队的员工必须懂得 Excel、R、SAS 等统计或数据挖掘工具的使用方法。亲自分析数据可以进一步加深对所做业务的理解，还可以激发处理大数据的欲望及创造力。基础培训一般为 2 天，包含实习在内进行 1 周左右的统计语言培训。

- **IT 团队**

IT 团队需要针对大数据系统应用案例、大数据项目的问题、数据管理及 Hadoop、SQL on Hadoop 等内容进行一定深度的技术培训。Hadoop 是新一代信息系统的核心，所以应该尽可能地培训更多员工。同时，因为它也是未来 IT 产业中必需的技术，所以掌握后将对 IT 负责人未来的职业发展非常有利。包含实习在内，安排 2 周左右最合适。

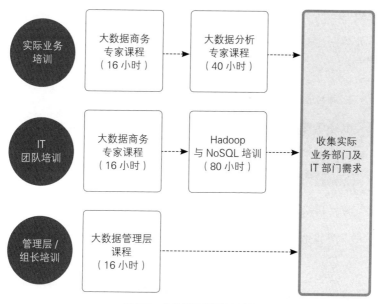

图 5-5　大数据培训课程示例

5.6.2 步骤 5-2：业务研讨会

业务研讨会由大数据 TF 团队主导，提供课程支持并组成专家组，咨询公司负责评估工作。

业务研讨会耗时较长，一般为 2~3 个月。应当在研讨会上努力分析自身业务，树立"依托数据经营"的意识。为了在大数据项目中提供更多意见，以及在项目结束后可以灵活应用大数据分析结果，进行业务研讨会是非常有必要的。召开大数据项目分析研讨会时，实际业务团队可以根据分组选择课题，亲自分析自身业务数据。为各组配备助教后，每周可以听取各行业专家的反馈。该课程需要 2~3 周，研讨会结束后须向管理层进行最终报告。

业务研讨会内容如下。

▶ 分别与各业务团队座谈，选定各组课题。

▶ 准备课题相应数据。

▶ 为每个课题组建专家组。

▶ 各小组分别开展课题，与助教商议后进行分析方法、数据处理方法、数据挖掘模型创建等工作。

▶ 每周报告 1 次，听取教授及专家反馈，这一过程需要反复进行 2~3 个月。根据课题特点、分析的数据量和数据源的不同，所需时间会有一些差别，但一般课题都需要长时间进行数据分析并得出答案。

▶ 2~3 个月后，各业务团队向管理层与导师汇报。

- **业务团队**

　　参与研讨会的业务团队确定并给出课题时，需要召集相关领域的顶级专家，组建负责反馈的专家组。例如，课题是物流业中的"顾客行为分析"，那么就要邀请该行业的顶级 CRM 专家，听取他们的反馈。每周 1 次，每次时长 2~3 小时，这样的日程安排不会给专家造成太大负担。如果能从有丰富实践经验的专家处获取反馈，各业务负责人的水平不仅会快速提高，同时还会学到多种数据分析诀窍，获得大数据项目主题的具体方向与思路。

- **IT 团队**

　　大数据环境中，IT 团队为业务团队提供执行课题所需的相关数据并搭建系统环境。召开研讨会时，虽然很少进行大数据处理，但借助这些机会，IT 团队可以练习大数据系统的实际构建。

- **咨询团队**

　　咨询团队以初期数据挖掘过程中获得的认识为基础，为实际业务团队指明前进方向并提供合理建议，但不能直接代替业务团队分析数据，也不能事先告知答案。之后，收集业务负责人对大数据项目主题及项目提出的需求，并将这些需求体现到下一步骤。同时，咨询专家召开业务研讨会，制定部分大数据项目总体规划。

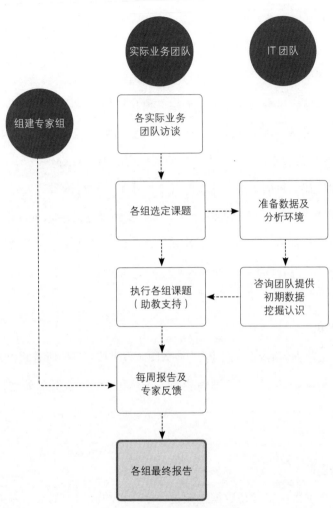

图 5-6　大数据分析研讨会过程

5.7 步骤6: 大数据项目备选主题选择与评估

5.7.1 步骤6-1: 确定大数据项目备选主题

大数据项目主题具备如下几个要素, 若某个主题的组成要素很明确, 则可将其定为备选主题; 否则最好先将其从备选主题中删除, 以后再考虑。

◆ **数据准备情况**

- 内部数据准备状态及应用可能性: 如果要进行分析, 必须先具备相应数据。即使是企业的内部数据, 分析前也要先掌握几个重要问题: 数据是否精炼, 质量是否良好; 数据是否有明确定义, 是否有负责人员, 是否在不断更新; 过去的数据是否装载充分, 与所需的分析时长是否匹配; 商品代码、组织代码、部件代码等标准数据是否变更等。

- 获得内部数据的可能性: 如果没有内部数据或数据量不足, 则要确认能否通过开发移动应用程序或安装传感器收集数据。

- 获得外部数据的可能性及聚合方案: 确认能否获得外部数据, 以及能否与已有数据进行聚合。

◆ **分析技术**: 大数据系统应用案例中提到了5种方法, 根据所用的分析方法的不同, 处理数据的方法或分析算法可能不同, 一定程度上可以预测效果。因此，选用哪种分析方法是非常重要的。

- 描述性分析

- 诊断分析

- 预测分析

- 规范分析

- 优化

◆ **提供的服务（内部/外部）**：必须区分是企业或机关内部使用还是用作外部服务，因为它们对应的实现方法与花费的成本是不同的。

◆ **预计的未来行动计划内容**：大数据项目并非只限于分析，更重要的是在企业内部确定如何应用和实行这些分析结果。得到结果后，如果很难或无法将其应用于企业业务，那么分析结果就会变得毫无价值。

通过以上这些因素可以创建大数据项目备选主题列表，但列表中还需要添加项目，比如各组织与负责人、负责人的能力、各组织的需求、紧迫性、负责团队的意志等。事实上，大数据项目开展过程中，每个实际业务部门对"大数据"的态度都不一样。只有业务部门对大数据项目有信心，才能在选定大数据项目主题后积极参与并推进项目。因此，考虑优先顺序时，要先考察各团队意志。

大数据项目备选主题数量一般为最终选定数量的5~10倍。由于备选主题几乎涵盖了企业目前可以进行的所有分析，所以其数量必然很多，这与数据大小无关。

5.7.2 步骤6-2: 评估

对于"如何评估大数据项目主题"这一问题，每家企业的答案都各不相同，并且公共机构与普通企业之间也存在差异。造成这些差异的原因是，人们希望通过大数据项目获得的效果不同。表5-2是基于我多年经验整理而成的大数据项目备选主题评估模型，应当使用不同加权值评估大数据项目备选主题。

表 5-2　大数据项目备选主题评估模型

备选主题名					
负责组织			负责人		
评估分类	评估项目		加权值	评分	得分
内部数据	存在内部数据吗？				
	要分析的数据质量好吗？				
	存在历史数据吗？				
	标准数据有变更记录管理吗？				
	是否应用了地理信息（GIS）？				
有可能获得内部数据吗？	需要开发用于收集数据的移动应用程序吗？				
	需要安装用于收集数据的传感器吗？				
外部数据	存在需要的外部数据吗？				
	可以免费获取外部数据吗？				
	可以聚合外部数据与内部数据吗？				
	可以购买外部数据吗？价格是多少？				
分析技术	使用5种分析技术中的哪一种？				
提供的服务	内部使用还是外部服务？				
负责组织的意志	负责组织是否积极参与？				
	负责组织中有经过培训的分析人员吗？				

备选主题名				
负责组织		负责人		
评估分类	评估项目	加权值	评分	得分
实现难易度	给出的主题是否容易转换为系统？			
实现成本预算	实现成本预算是多少？（仅含分析领域，单位为 MM）			
预期效果 （公共部门）	节约预算			
	获得决策依据			
	优化政策执行			
	国民服务满意度			
	节省社会成本			
	提高危机应对能力			
	伤亡最小化			
	其他			
预期效果 （一般企业）	节省成本			
	增加销售			
	提升企业形象			
	提高顾客服务满意度			
	履行社会责任（CSR）			
	风险管理			
	提高业务效率			
	其他			
总分				

如果评估模型过于复杂，人们就会很难理解评估方式，此时需要花费大量时间解释为什么会出现某种结果；而评估模型过于简单时，要考虑的项目就很笼统，具体细节不够详细，也很难对评估结果进行

说明。因此，建立评估模型时既不能太复杂，也不能太过简单，既要全面考虑各种评估因素，也要凸显各企业特性。下面介绍我提出的大数据项目备选主题评估模型中的几个特色部分。

- **内部／外部数据**

  对数据部分进行评估时，可以完全不考虑数据大小、速度、形态等；而评估预期效果部分时，则要先进一步分类。因为与"大数据"的定义相比，其预期效果更加重要。实际选择大数据项目主题时，定义大数据的各种要素并不是需要特别加以关注的事项。进行内部数据评估时，灵活应用 GIS 比仅使用普通数据的效果要好很多。因为其可视性效果好，更容易帮助人们做出决策，对结果的宣传效果也非常出色。

- **分析技术**

  前面提到的 5 种分析技术中，优化程度越高，获得的效果越好。但相应也会增加人力投入，同时也需要具备更多专业知识。

- **提供的服务**

  与企业内部服务相比，提供的服务应用于外部时，会耗费更多成本及准备时间。一般企业中，外部服务并不是必需的；但对于公共机构，外部服务则是必需具备的业务，所以评估标准也有所不同。

- **实现成本预算**

实现成本预算中，只有分析领域的成本必须以 MM（Man Month，人 / 月）为单位进行计算。整个系统构建成本包括硬件、软件、各业务的分析建模成本和开发成本等，其中硬件、软件和开发成本属于共同成本，各主题产生的成本则属于分析建模成本。除共同成本外，只包含各主题的分析建模成本。

- **预期效果**

公共机构与一般企业的预期效果是截然不同的，所以要分别评估。对于列表中没有列出的预期效果，可以在"其他"栏中评估。

5.8 步骤 7：Quick Win 课题与主题选择、总体规划

5.8.1 步骤 7-1：Quick Win 课题与主题选择

步骤 6 完成对备选主题的评估后，从中选出成本低且可以快速实现、具有良好预期效果的主题作为 Quick Win 课题。由于大数据项目目前处于起始阶段，与选择本项目要实现的主题相比，Quick Win 课题更加重要。因为无论预期效果看起来多么美好，如果成本过高、耗

时太长，那么谁也无法轻易做出决策。如果以较少投入获得 Quick Win 课题的成功，不仅可以达到很好的营销效果，大数据项目也有可能获得更多经费。比如，前面提到的首尔市夜间公交线路规划案例就属于 Quick Win 课题。分析夜间公交线路时，不是直接对首尔市进行相关分析，而是通过韩国电信公司分析市民的通话，所以首尔市政府只投入了较少的成本就完成了线路规划工作。这个案例非常特别，成为全球知名项目。此后，首尔市政府增加了大数据投资预算，并开始正式启动大数据项目。

如果大数据项目备选主题评估顺利进行，那么选择大数据项目主题就并非难事，真正的困难是如何实现主题。如果 Quick Win 课题获得成功并得到更多资金，那么项目就会顺利开展，否则可能遇到很大困难，并且会使人们重新考虑是否继续开展大数据项目。即使不立即开展大数据项目，公司也不会倒闭，正因如此，大数据项目会受到来自公司内部和外部的巨大影响。即使考虑所有因素而最终确定了大数据项目主题，项目开展后的各步骤中，主题也有可能发生变化。即使是现在看来紧迫的主题，随着时间的流逝，需要处理的问题也可能发生变化。商业本身、顾客及社会环境是不断变化的，所以必须牢记，大数据项目主题也要时刻紧跟变化。

5.8.2　步骤 7-2：大数据项目总体规划

之前讲解的方法用于确定大数据项目主题，而不是制定总体规划，但只要在确定大数据项目主题阶段下足功夫，制订大数据项目总体规划其实很简单。使用主题确定方法时，人们可能认为对 IT 资源的理解以及对新 IT 架构的提案部分有些欠缺，具备渊博 IT 知识的咨询专家可以很容易地解决这个问题。其实，大数据项目中最难的部分是确定商业主题，与之相比，大数据项目的 IT 部分并不难。当然，如果公司拥有庞大的数据量，那么应该将 IT 部分分离，但很少有公司可以达到这种规模。

图 5-7 以大数据项目主题选择方法为基础，制定大数据项目总体规划。

◆ **评估及需求事项收集**：将步骤 6-2 中产生的备选主题的评估内容与研讨会中提出的需求相结合。

◆ **大数据系统设计**

- 软件设计：软件架构、所需工具的种类、预期性能定义、数据建模、内部／外部数据容量计算、内部／外部数据加载（ETL）设计、数据提炼处理设计、数据处理设计（摘要、制作派生数据、数据移动等）；

- 硬件设计、系统结构图、硬件容量计算；

◆ **大数据治理（Governance）设计**：数据质量保证方案、数据管理、标准数据管理、数据备份与恢复、外部数据购买管理、数据管理组织定义、用户数量与使用内容、数据安全、访问安全及策略；

◆ **各主题分析模型设计**：所需数据的定义及派生数据设计、模型设计及测试、可视化；

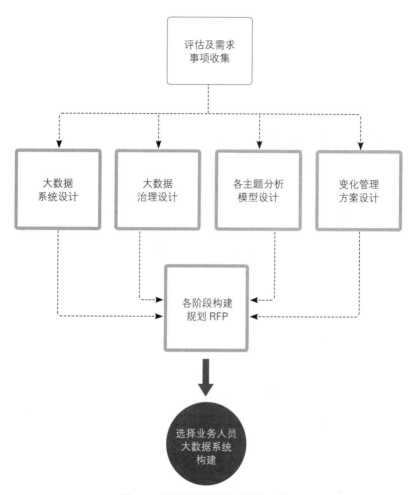

图 5-7　大数据项目总体规划制订过程

◆ **变化管理方案设计**：大数据系统应用组织、应用激活方案、分析模型升级方案、所需人力与技能组合定义、所需人力调配方法、大数据战略应用的内部人员培训计划；

◆ **各阶段构建计划**：获得成果的同时制定各阶段构建计划；

◆ **RFP**：为系统构建制作需求说明书。

总体规划是指，不断收集实际业务需求的同时，把握并定义所需的内部与外部数据。制定大数据系统及治理、大数据战略应用和变化管理方案之后，再制定大数据发展规划图和推进计划，这就是构建大数据系统的总体规划，其中涵盖了大数据安全问题。大数据治理是指对大数据的所有权、元数据、标准化、原始来源、数据变更历史、变换、安全等一系列数据的整体管理。

- 大数据项目主题的选择并非易事，但只要大数据 TF 团队、业务团队、IT 团队和咨询公司根据大数据项目主题确定方法开展工作，就能够选出有用的主题。
- 步骤 1：各行业大数据系统应用案例分析。通过分析咨询公司提供的案例，可以获得很多启示。
- 步骤 2：基本业务分析。确定大数据项目主题制定方向。
- 步骤 3：访谈。用于协助业务团队制定主题。
- 步骤 4：掌握内部 / 外部数据和数据挖掘。为业务研讨会确定主题提供帮助。
- 步骤 5：培训与研讨会。归纳整理各部门在大数据项目认识上的差异，培养业务人员的数据分析能力，并将分析结果体现于决策。
- 步骤 6：大数据项目备选主题的选择及评估。借助一定的方法，对通过培训和研讨会获得的备选主题进行评估。
- 步骤 7：Quick Win 课题与主题选择、总体规划的制定。通过实际执行 Quick Win 课题使全公司人员理解大数据项目并获得其协助，为日后开展的大数据项目做好铺垫。
- 将大数据项目主题制定方法应用于实际业务是非常重要的。

 大数据小问答

测验题 1 下面哪家美国超市比父亲更早获知其女儿怀孕的消息?

❶ 沃尔玛（Walmart）　　　　　❷ Target

❸ 乐购　　　　　　　　　　　❹ 易买得（eMart）

答案：❷ Target 超市关于怀孕女儿与父亲的案例是最著名的大数据系统应用实例。

测验题 2 业务团队为什么需要参加研讨会?

❶ 大数据项目中，各业务团队间的沟通非常重要。

❷ 召集各业务团队对主题热烈讨论后，可以得到他们推荐的备选主题。

❸ 为了使业务团队亲自分析自己的业务。

❹ 为了培训业务团队如何应用大数据战略。

答案：❸ 通过参加研讨会，业务团队可以亲自分析自己的业务。培养数据分析能力的同时，还可以对大数据项目自然而然地产生热情，认识到引入大数据系统的必要性。如果研讨会进展顺利，可以产生许多灵感，提出多个大数据项目主题。

测验题 3 以下关于"对企业管理层进行访谈时需要的内容"说法正确的是?

❶ 构建大数据系统所需的工具内容

❷ 同行业大数据系统应用案例

❸ 大数据项目实际业务研讨会内容

❹ 确定大数据项目主题的项目执行方案概述

答案:❷❸❹ 对企业管理层进行访谈时,首先要讲解项目的全部内容和同行业的大数据系统应用案例,然后对开展大数据培训和实际业务研讨会的必要性和具体内容进行说明。

测验题 4 为什么必须慎重选择Quick Win课题?

答案: Quick Win 课题是企业内最先执行的大数据项目,其成败会对整个项目产生巨大影响。因此,选择 Quick Win 课题时,必须选择很有可能成功的课题。

BIG DATA

第 6 章

具有竞争力的
大数据分析

本章包括提高企业竞争力所必需的大数据分析案例、多种分析服务、构建大数据系统所需的外部数据提供者以及分析系统的理解。实际的大数据分析方法可以在其他统计分析过程中学习，故本章将略过不讲。

6.1 保持企业竞争力的大数据分析案例

下面介绍影片流媒体服务提供商 Netflix 和致力于将一切物品都实现线上销售的亚马逊的推荐系统。毫不夸张地说，这两家公司在其推荐系统的支撑下不断壮大。有 75% 的 Netflix 用户会观看其推荐的内容，而亚马逊 35% 的销售是依靠其推荐系统实现的，所以也可以说，这两家跨国公司的成功秘诀是它们都拥有一套精准的销售推荐系统。人们对于大数据战略的应用效果可能还抱有很多疑问，分析这两家企业的案例可以认识到，企业经营方向与大数据战略应用融合一致时，能够产生强大效果。

6.1.1 大数据分析与统计分析的区别

其实，大数据分析与统计分析之间并无差别。但使用统计分析方法处理、运算大容量数据时，花费时间较长可能导致分析无法正常进行。现在常用的机器学习、模式匹配、声音识别、自然语言处理等算法其实一直存在，只是因为缺少可以快速处理大容量数据的硬件支持而无法得到广泛应用。

分析大数据前，数据需要经过输入、提炼、整理等过程，该过程主要由 Hadoop 等处理大数据的软硬件负责，提炼后的数据也可以由传统统计软件处理。也就是说，即使是大数据，经过 1 次提炼过程后也会变为小数据。但最近呈现的趋势是，数据输入、提炼、整理到数据分析、可视化等一系列过程并不分离，都在同一计算机系统中处理。这种趋势下，人们也在不断研发新的大数据分析系统。随着软件、硬件的发展，新系统的处理范围已经超出现有统计分析的范畴，可以对社会、文化、心理等数据进行分析。同时，大数据技术也已经延伸到人工智能、机器人工程、自动驾驶汽车和无人作战技术等领域。

6.1.2　Netflix 的 Cinematch system 与深度学习

Netflix 是里德·哈斯廷斯 1997 年创立的，起初只从事 DVD 租赁业务，2009 年开始正式提供在线流媒体服务（Online streaming service）。这家公司影响力巨大，对 DVD 租赁界的巨头 Blockbuster 影视公司和有线电视行业以及大型发行公司都构成了威胁。Netflix 成功的秘诀在于它有一套基于 Cinematch system 的影视推荐系统。借助该系统可以对人们选择电影的倾向进行分析，从而有针对性地向顾客推荐影片。据统计，约有 75% 的用户最终会选择推荐系统推荐的影片（http://rayspace.tistory.com/354）。

How Netflix Gets Its Movie Suggestions So Right

The Huffington Post | By Alexis Kleinman
Posted: 08/07/2013 3:11 pm EDT

图 6-1　Netflix 的推荐系统

出处：www.huffingtonpost.com/2013/08/07/netflix-movie-suggestions_n_3720218.html
短链接：http://goo.gl/qHCqM6

Cinematch system 采用协同过滤（Collaborative filtering）算法，这种算法可以分为基于用户的协同过滤（User-based Collaborative filtering）和基于内容的协同过滤（Content based filtering）。

● **基于用户的协同过滤**

基于用户的协同过滤中，将具有相似取向的人分为一组，然后选择该组人喜欢的电影进行推荐。假如要向顾客 A 推荐影片，那么首先以其过去购买的商品清单为基础，查找与之具有相似取向的顾客 B，然后将 B 已经看过但 A 尚未观看过的影片推荐给 A。这种协同过滤是首先发现顾客间的相似性，然后向其推荐商品。

- **基于内容的过滤**

　　如果说基于用户的协同过滤方式是将重点放在发现顾客间的相似性上，那么基于内容的过滤方式的重点则是发现商品与商品间的相似性。也就是说，若电影 C 与 D 的观影用户出现大量重叠，那么就可以认为 C 与 D 是相似的电影。如果看过电影 C 的顾客尚未看过电影 D，那么就可以向其推荐电影 D。

　　Netflix 采用了特别的方法对现有的推荐引擎进行了升级。2006年，Netflix 将公司数据公开到网络并悬赏 100 万美元，公开征集可以将预测效率提高 10% 以上的新算法（www.netflixprize.com）。这一消息让全世界一片哗然，Netflix 公司形象大幅提升，销售、宣传也得到刺激。不仅如此，这个活动最终使公司的推荐引擎也变得更加精巧，性能也更加优越。

　　2009 年 9 月 21 日，BPC（BellKor's Pragmatic Chaos）团队获得此次活动的一等奖。该团队开发的技术比原有推荐引擎的准确性提高了 10.06%，这项技术应用的就是深度学习算法。近年来，深度学习受到了广泛关注。深度学习是机器学习的一种，随着大量可供学习的数据的获取及硬件的发展，现在已经可以执行过去无法做到的重复学习逻辑，主要应用于声音识别、模式匹配等领域。获奖的 BPC 团队应用了深度学习算法中的 RBM（Restricted Boltzmann Machines，受限玻尔兹曼机），与之前的推荐算法相比，推荐效率提高了 10% 以上。

图 6-2　在 Netflix 推荐引擎征集大赛中获胜的 Pragmatic Chaos 团队

出处：www2.research.att.com/~volinsky/netflix/bpc.html
短链接：http://goo.gl/GZtmZM

6.1.3　亚马逊的推荐系统

与 Netflix 一样，亚马逊也拥有著名的推荐系统。对会员的消费模式进行分析后，为其推荐可能想购买的商品。亚马逊有 35% 的销售额来自于其优秀的推荐系统，可以说它是亚马逊成长壮大的"一等功臣"。亚马逊将自己的推荐系统称为 A9，并注册了专利。A9 中，亚马逊采用的是原有的"商品到商品的协同过滤"（Item-to-item collaborative filtering）算法（*Amazon Recommendation Item-to-item Collaborative Filtering,* Greg Linden, Brent Smith, and Jeremy York, Amazon, 2003）。

A9 算法借助现有数据向顾客推荐商品，与顾客数量及商品数量无关，通过大量数据分析提供高质量的推荐服务。A9 算法首先根据商品间的相互关系创建产品矩阵，然后以顾客最新输入的数据为基础，推导顾客的嗜好并推荐商品。拥有大量顾客与商品的在线商城会产生海量大数据，但商品推荐必须在短短的 0.5 s 之内完成。新顾客之前可能并未购买过很多商品，而且对商品的评价次数也不多，但在网上商城，顾客输入新的数据时，系统必须即时对其做出反应。与原有顾客相比，新顾客的购物经历不多，很难获取其喜好，对其使用传统的推荐方式、聚类分析和搜索方式无法达到理想的效果。因此，亚马逊以现有数据为基础开发了商品到商品的协同过滤算法。图 6-3 是亚马逊申请推荐系统专利时使用的简图。

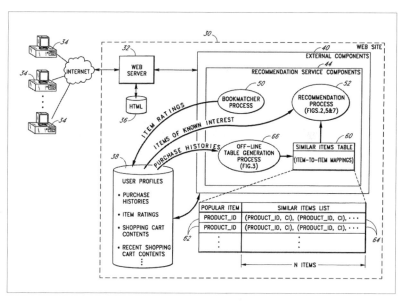

图 6-3 Collaborative recommendation using item-to-item similarity mappings

出处: 1998 年亚马逊专利资料

由图可知，50 号图书匹配进程将顾客对图书的评分数据保存到 38 号顾客的配置文件。商品矩阵是 60 号表格。以 38 号顾客的个人资料和以往的购物数据为基准，编写 66 号离线表格，然后将每个与 62 号商品相似的 64 号商品罗列出来，此处用于选择相似商品的算法就是商品到商品的协同过滤算法。将该算法应用于大量数据，从而创建 60 号商品矩阵。顾客使用 34 号 PC 购物时，数据就会进入 44 号推荐服务组件。在 60 号商品矩阵中查找 38 号顾客的配置文件与购买的商品，然后执行 52 号推荐进程，将相似的 64 号商品推荐给顾客。该推荐方式在预先创建的商品矩阵中进行查找，所以响应速度非常快。

　　如何创建商品矩阵是该推荐方式的核心。商品矩阵用于查找与特定商品（62 号）有高相似度的商品（64 号）。计算相似性的方式是，顾客购买特定商品（62 号）后，计算这些顾客购买的其他商品与该商品（62 号）的相似性总和。比如有 10 位顾客购买了三星电视 ABC，然后又分别购买了其他 5 件商品。此时要先计算每位顾客购买的其他 5 件商品与三星电视 ABC 的相似性，然后将计算结果应用于 10 位顾客并计算相似性。其实，一个分类下可能有数百种商品，亚马逊拥有数百万个分类与数千万名顾客，要想创建商品矩阵需要进行大量计算。通过海量大数据的计算，向每个顾客推荐合适的商品，这就是亚马逊独特的推荐服务。

6.2 实现大数据项目时可用的分析服务

6.2.1 沃尔弗拉姆·阿尔法计算知识引擎

计算知识引擎（Computational knowledge engine）是内嵌于苹果 Siri 的智能型搜索引擎，为了与过去的搜索引擎区分而称为"知识引擎"。沃尔弗拉姆·阿尔法是 2009 年研发的新一代搜索引擎，其作者史蒂芬·沃尔弗拉姆是一位英国的天才物理学家，他 1988 年创建了 Mathematica 统计软件公司。传统的搜索引擎以系统化构建的海量信息为基础，按照重要程度向用户显示已排序的链接页面；而沃尔弗拉姆·阿尔法计算知识引擎则累积收集到的各种信息，然后由专家采用数据管护方式对信息进行整合并创建数据集。这样创建的将近 10 万亿条数据由 Mathematica 引擎的具备 1 万个 CPU 的计算机集群进行处理，该搜索引擎几乎可以使用 Mathematica 中的所有数学与统计公式生成所需答案。比如，输入 intergral 0 to 2 2t/(t-3)^2 dt 将返回图 6-4 所示答案。

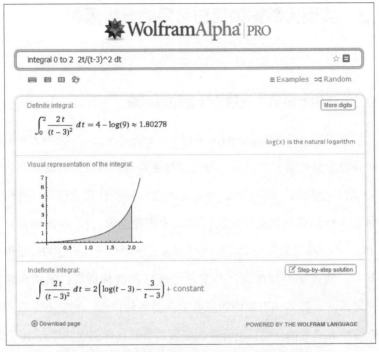

图 6-4　有关数学与统计的沃尔弗拉姆·阿尔法分析

出处：www.wolframalpha.com

　　沃尔弗拉姆·阿尔法对 Facebook 的分析服务也非常有名。只要在输入窗中输入 facebook report，沃尔弗拉姆·阿尔法就会收集当前用户在 Facebook 中的所有信息并进行分析，如图 6-5 所示。分析内容包括用户近期的活动时间段、主要关注的事件、在自己页面中留言最多的人、用户发布的内容被谁转发得最多、谁点赞最多等，然后将分析结果按照用户好友的性别、年龄段和所处位置分类。此外，也可以分析当前用户好友的社交网络和个性爱好（是否与当前用户有不同的人际网络、是否有共同好友、是否可以通过其扩展人际圈等）。

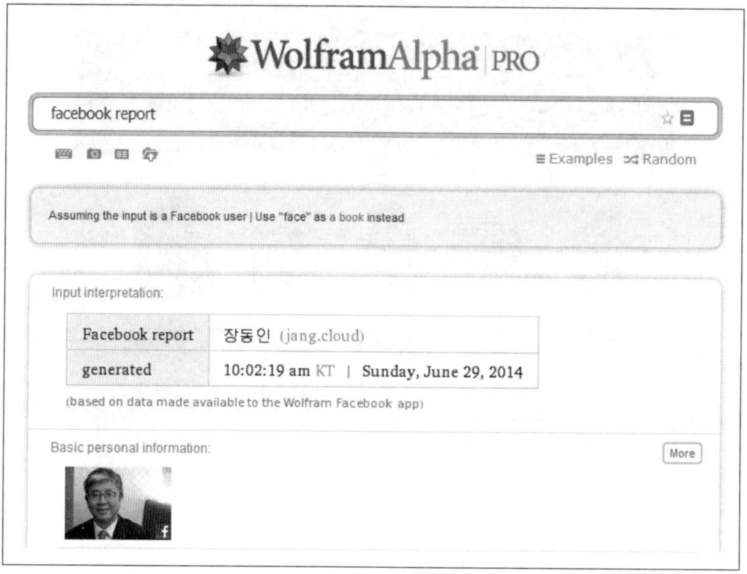

图 6-5　沃尔弗拉姆·阿尔法对 facebook report 的分析

出处：www.wolframalpha.com

2014 年 1 月，沃尔弗拉姆·阿尔法宣布启动 Wolfram 互联设备项目（Wolfram connected devices project），通过该项目可以将联网设备的信息集中在一起。目前已有智能手表、导航仪、心脏起搏器和 GPS 追踪器等超过 2000 种设备通过互联网连接，并将设备价格、配置信息、工作方式等资料知识化并向公众提供。预计未来将使用沃尔弗拉姆·阿尔法的引擎对从各种接入设备收集的数据进行分析。

图 6-6　从互联设备收集数据的沃尔弗拉姆·阿尔法新项目

出处：http://devices.wolfram.com

6.2.2　ID INCU 的移动研究

　　工作人员直接拿着调查问卷请消费者填写，或者将调查问卷做成 Web 页面，然后通过电子邮件进行调查的方式中，消费者响应速度慢，耗费时间长，而且调查所需成本很高。如果采用这些传统的问卷调查方式，完成一个研究项目至少需要 1 个月。而移动研究中，通过移动设备发送调查问卷则在几小时内就可以得到数千人的响应并完成调查。从规划、设计、信息采集到信息分析，只需要 2~3 天就足够了。此外，由于规划、设计、信息采集和分析等工作都可以在网络上统一进行，几乎不需要人工操作，所以与传统方式相比不仅速度更快，而且投入的成本也更低。

　　即使在大数据时代，我们也仍然需要进行研究。无论是多大容量的大数据，由于要对其进行全面分析，所以快速找出消费者对某个特定问题的微妙反应是有一定难度的。也因为如此，移动研究就显得更为重要（《与消费者沟通的新方法：再营销》，金东浩，2013 Digital Marketing 宣讲资料，www.opensurvey.co.kr）。

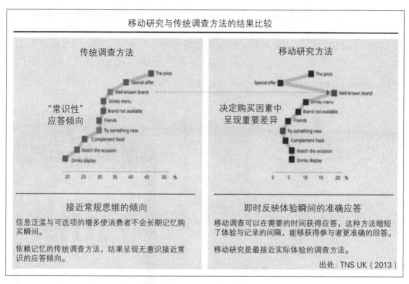

图 6-7　移动研究与传统调查方法的结果比较

出处：www.opensurvey.co.kr/opensurvey-reliability.pdf
短链接：http://goo.gl/cA3cSv

　　传统研究方法中，由于消费者无法长时间记住自己决定购物的瞬间的想法，所以通常都是根据常识性的标准给出反馈答案。而移动研究方法中，可以通过快速规划与调查缩短用户体验与记录之间的时间，从而获得更准确的答案。

　　移动研究中，通过智能手机进行调查不仅方便，而且消费者满意度也更高。并且，与传统方法相比，移动研究还可以同时获得被调查者的个人信息。由于调查具备私密性，所以被调查者对敏感问题也愿意如实回答。

以快速响应的结果为基础，可以迅速进行"再营销"（re-targeting）。按照消费者响应率的高低，可以选择具体对象进行更细致的询问。还可以持续验证假设，从而做出更准确的判断。

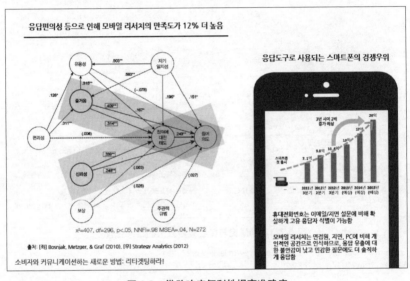

图 6-8　借助响应便利性提高准确度

出处:《与消费者沟通的新方法: 再营销》，金东浩，2013 Digital Marketing 宣讲资料

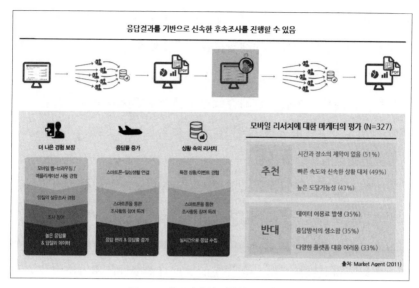

图 6-9　基于响应结果的快速再营销

出处:《与消费者沟通的新方法:再营销》,金东浩,2013 Digital Marketing 宣讲资料

6.3　实现大数据项目时可供参考的数据

6.3.1　韩国健康保险审查评价院用于研究的申请数据

韩国健康保险审查评价院（Health Insurance Review and Assessment Service,以下简称审评院）的申请数据是医疗护理机构为患者提供医疗服务的同时,向保险公司提出保险费用申请的过程中产生的。该数据包括就诊记录（治疗、手术、检查等）、诊断结果、保险公司承担费

用、患者承担费用、患者人口特征和医疗机构信息等。医疗机构申请医疗费用时，会将治疗的详细数据在线提交给审评院。通过对这些数据的分析，可以知道患者的病情以及详细的治疗过程。目前，这些申请数据广泛应用于各种医疗研究领域（韩国健康保险审查评价院，金智爱 副研究委员宣讲资料，2013，庆熙大学）。

数据提供的详细信息如下。

明细表的常规项目中包含就诊人、医疗机构、伤病信息内容，常规项目信息与记载患者患病详细信息的表格相连，而治疗详情与处方详情则分别归纳到不同表格。因为治疗记录与详细处方的内容完全不同，所以要将其彼此区分。审评院的数据有很多种使用方法，比如利用审评院内的统计分析资料处理中心、样本数据集、特定领域的队列数据集（Cohort Dataset）或者远程访问等。

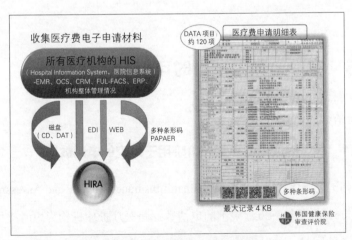

图 6-10　医疗费电子申请资料说明

出处：韩国健康保险审查评价院，金智爱 副研究委员宣讲资料，2013，庆熙大学

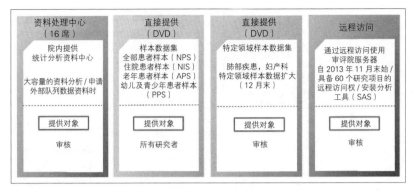

图 6-11　审评院提供的申请数据

出处：韩国健康保险审查评价院，金智爱 副研究委员宣讲资料，2013，庆熙大学

　　审评院的索赔申请数据是可以代表全体国民的数据资料，其内容并不局限于有限的实验环境和特定的某种疾病，而是包含了全国所有疾病的详细医疗数据，非常重要且实用。值得一提的是，这些数据可以持续收集，作为国家运营的医疗保险的申请数据，今后也会得到很好的应用。

　　当然，审评院的这些数据也有一定的局限。只有经过医保费用支付确认的治疗才会建立相应的医疗数据，所以患者接受昂贵的非医保支付治疗或购买非处方药物时，就不会留下相关信息。不享受医保的患者、保健门诊患者、DRG（Diagnosis Related Group，诊断相关组）患者（适用于综合定额收费制的 8 种疾病、手术患者）等，也不会有具体的治疗记录。此外，由于每个人的诊断结果、主要伤病等记录都不相同，使用这些数据时必须考虑具体情况。虽然目前就诊者的详细信息，如住址、收入、死亡原因、身高、体重以及是否吸烟等生活习

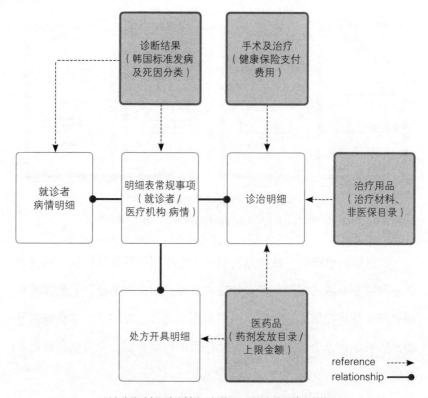

※ 以上为我对审评院资料的分析结果，可能与实际情况有差异。

图 6-12　审评院申请数据 ER（Entity Relation，实体联系）简图

惯和整体健康状况信息等都不够充分，但仍有许多医学领域的专家都在使用审评院提供的申请数据。如果有读者想使用这些数据，可以向审评院提出数据使用申请，通过审查后即可获取相应数据。审评院也一直在定期进行申请数据相关的培训。

6.3.2 基于 SKT 地理信息系统的空间大数据服务

80% 以上的数据都可以用于确定地理空间位置，所以大数据与地理信息系统（GIS）的融合也就成为必然。空间大数据是大数据与 GIS 结合而成的，大数据与 GIS 相融合的服务推出后，政府机构的大数据利用率有了显著提高。因此，政府将各机构构建的空间大数据整合，构建国家空间信息综合数据库。

SKT 的 Geovision 不仅拥有最多基于 GIS 的数据，同时还对外提供空间大数据服务。除了提供 SKT 的基站流量信息、T-map 交通信息、消费模式信息、现代信用卡加盟店的销售及统计预测信息外，还以聚合服务方式提供数据服务。

SKT 的 Geovision 的优势在于，将韩国全境划分为若干个 50 m × 50 m 的单位（pCELL），并按照时间段、性别、年龄段划分，从而掌握流动人口的相关情况。比如，通过该系统可以统计"首尔市政厅广场前、星期五下午 6~7 点、20~29 岁女性流动人口"的数量，并设置该信息"以月为单位更新"。

一般企业或公共机构引入大数据时，SKT 的 Geovision 数据是非常有用的。特别是以基站流量为基础的性别、年龄段的流动人口分布信息，以及通过 T-map 获得的交通信息和路径信息等，都可以应用于大部分应用程序，具有很高的使用价值。

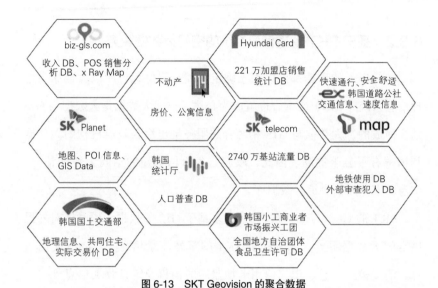

图 6-13 SKT Geovision 的聚合数据

出处: 空间大数据民用示例, SKT Geovision 河道勋博士, 2014

6.4 实现大数据项目时可用的分析系统

谷歌 BigQuery

谷歌 BigQuery 是基于 Dremel 的 DBaaS（Database as a Service，数据库即服务）。图 6-14 右侧 BigQuery Connector 中的一部分可以称之为 Dremel。其实，Hadoop 开发的最初想法来自于谷歌，但最终由雅虎的 Doug Cutting 进行了开发并命名。

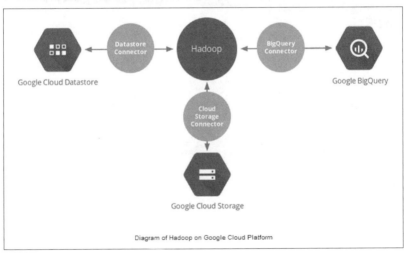

图 6-14 谷歌云平台的 Hadoop 图表

出处：谷歌云平台（http://googlecloudplatform.blogspot.kr/2014/04/google-bigquery-and-datastoreconnectors-for-hadoop.html）
短链接：http://goo.gl/kSezRm

借助云平台分析大数据是将大数据加载到谷歌 BigQuery，然后采用 SQL 等方式查询数据，该分析不需要硬件、数据库和 Web 服务器等。数据大小在 100 GB 以下时可以免费使用。Dremel 以按列存储方式（Column-Base）加载数据并查询，所以查询速度非常快。虽然无法逐个删除或更新数据，但可以逐个进行数据添加（Append）。BigQuery 可以与 Java、Python、R 等语言以及 Tableau、QlikView 等可视化工具一起使用。此外，它还可以与谷歌的可视化工具 GoogleVis、谷歌预测 API（Prediction API）以及 Google Analytics 配合使用。数据的输入采用 CSV 文件格式，通过 RESTful API 提供对外接口。也可以使用现有的 ETL 工具 Informatica、Talend 等向 BigQuery 输入 / 输出数据。

- 企业竞争力的关键在于企业经营战略与大数据战略相契合。
- 从 Netflix 与亚马逊的成功可以看出，他们的经营战略与大数据战略方向是一致的。
- 推荐系统采用多种方法不断分析大数据，且每年都在更新。
- 实现大数据项目时，沃尔弗拉姆·阿尔法知识引擎与 Mobile Survey 都是非常有用的服务。
- 实施大数据项目时，灵活应用基于 GIS 的空间大数据可以获得非常好的效果。如果是医疗机构，那么韩国健康保险审查评价院提供的请求数据会提供很多帮助。
- 初期构建大数据系统时，灵活使用云系统会带来很多便利，可以降低建设成本、节约时间。

大数据小问答

谷歌提供的大数据分析专用服务是？

❶ Big table

❷ Big analytics

❸ Big SAS

❹ Big query

答案：❹ 谷歌有 Google Analytics 服务，但没有 Big Analytics 服务。

下列哪项服务提供沃尔弗拉姆·阿尔法知识引擎？

❶ Google Now

❷ Apple Siri

❸ Apple iPad

❹ Google Glass

答案：❷ 苹果 Siri 内嵌沃尔弗拉姆·阿尔法知识引擎。

测验题 3 亚马逊推荐系统成功的原因是？

❶ 使用了最好的推荐算法

❷ 使用了最适合顾客的算法

❸ 在 0.5 s 内为顾客提供最佳推荐

❹ 为推荐的商品提供折扣

答案：❸ 成功的原因是在最短时间内向顾客推荐最合适的商品。算法只应用于
推荐过程，由于通过商品矩阵调用大量硬件事先计算海量数据，所以
推荐系统能够在 0.5 s 内给出推荐。

测验题 4 Netflix与亚马逊的推荐服务为何能够获得成功？

答案： 因为经营方向与大数据战略方向相吻合。这两家公司若要与传统物流
业巨头对抗，就必须拥有对手无法企及的武器，这个强大的武器就是
他们的推荐服务。采取线下店员推荐的方式不仅花费成本高，也十分
低效。这两家公司最强大的武器就是自身提供的推荐服务，推荐服务
将通过大数据分析获得的结果直接运用于商业实践。

BIG DATA

第 7 章

大数据技术与
IT技术

与大数据相关的 IT 技术正在飞速变化，目前各企业内部所用的 DW/BI 系统已经有 10 年以上的历史了。随着数据量的激增，该领域需要掀起一场根本性的变革。与此对应的解决之道就是将大数据技术逐渐融合到于国内 IT 环境。本章将介绍融合之法以及相应的大数据解决方案的整体图谱。

7.1 大数据系统与传统 DW/BI 系统的异同

其实，很多 IT 从业人员也想知道大数据系统与传统 BI（Business Intelligence，商业智能）系统有哪些不同。我从 1995 年就开始从事与 DW（Data Warehouse，数据仓库）、CRM（Customer Relationship Management，客户关系管理）、BI 相关的工作。比较大数据技术与传统 BI 技术就会发现，它们之间有很多相似之处。传统 BI 也拥有大量数据，当时称为"大容量数据"，采用 RDB 技术处理。

7.1.1 大数据技术与传统 DW/BI 技术的区别

大数据技术与传统 DW/BI 技术的根本区别是什么？传统 DW/BI 领域具备大量解决方案与相关产品，那么其基础技术是什么？答案就是 RDB 技术。那么，大数据技术的基础又是什么呢？虽然这个问题的答案不能用一句话概括，但可以大致归纳为 Hadoop 与 NoSQL 技术。Hadoop 和 NoSQL 与基于 RDB 的 DW/BI 技术有何差别呢？

大数据既包含结构化数据也包含非结构化数据，这就要求这两种数据必须都能得到处理。Hadoop 本质上是一种文件系统，所以可以处理任何形式的数据，无需区分结构化数据与非结构化数据。而 NoSQL 的构建方式也使得一条记录中可以同时包含结构化和非结构化数据。

表 7-1　大数据技术与 DW/BI 技术的区别

	大数据技术	DW/BI 技术
数据	结构化与非结构化数据（SNS、图片、视频、位置信息、地理信息、其他数据）	结构化数据
基础技术	Hadoop、NoSQL、CEP 等，种类繁多	基于 RDB
特征	可处理数十亿乃至数百亿条数据。只要不断增加 HW，就能大幅提升（Scale-out，横向扩展）性能	数据量达到数十亿条以上时，即使使用更多 HW，性能也不会提升
服务器	使用价格低廉的常规 x86 服务器	主要以 UNIX 为主，比 x86 价格高
软件	大多是免费开源软件（当然也有商业软件）	昂贵的商业软件
数据处理	将数据重复复制到 3 个节点。即使 1~2 个节点同时出现问题，也可以自动恢复	不备份数据而备份系统，费用高
数据处理方式	批处理（Hadoop）实时数据处理（CEP 等）多种分析方式（NoSQL 等）	主要是批处理
其他	由于是免费开源软件，所以在技术支持方面会存在问题，是与传统 RDB 完全不同的技术	价格昂贵，随着数据处理量的增加，会出现瓶颈。难以处理非结构化数据
未来趋势	向传统 DW/BI 引入大数据技术；可以向要处理非结构化数据的领域进行部分引入；大数据技术与 DW/BI 融合	

大数据技术的基础非常复杂，包括 Hadoop、NoSQL、CEP（Complex Event Processing，复杂事件处理）等多种软件。仅 Hadoop 就既有标准版的 Apache Hadoop，也有各软件厂商开发的商业版本。不仅如此，了解 Hadoop 后就会发现，它又由数十个软件组成。NoSQL 目前已有 120 多种，仅实时数据处理的 CEP 领域就存在多种软件。20 世纪 80 年代，RDBMS 市场同时有数十家软件厂商，但现在

仅剩下少数几家。同样，在大数据领域经过激烈竞争后，最终也只有最具竞争力的软件厂商才能存活。

与 RDB 技术相比，大数据技术的优势在于它可以用更少的成本处理大容量数据。RDB 主要在价格昂贵的硬件设备中运行，而 Hadoop 与 NoSQL 可以在低价设备中运行。数据量增加时，只需并行添加 HW 即可。也就是说，随着硬件设备的增加，其处理性能也会持续提高。DW/BI 主要采用批处理（Batch）方式处理数据，其大部分操作是对数据进行提炼、移动和总结。而大数据技术中，数据处理方式并非只有一种。进行批处理时经常会使用 Hadoop，其实 Hadoop 最初是为了进行批处理而开发的，但随着新需求的不断出现，"只能进行批处理"则成为其一大缺点。因此，Hadoop 2.0 中除原有批处理功能外，又新增了交互式处理功能，使其可以同时进行批处理和交互式查询。

- **实时处理**

大数据技术中，CEP 主要用于实时处理连续输入的流数据。比如，采用高科技制造的测量设备会连续产生数据，CEP 可以提供对这些数据的实时分析（类型分析、过滤、归纳等）以及图表展示功能。众多 CEP 中，最具代表性的开源软件是 Esper。

- **大数据检索与查询**

在大数据中进行检索与查询等操作时，主要使用 NoSQL DB。

NoSQL 的含义是 Not Only SQL，准确地说就是 NoSQL 数据库。它是一种非关系型数据库，主要用于对大容量数据进行分布式处理。

CAP（Consistency Availability Partition tolerance，一致性、可用性、分区容错性）理论是分布式数据的基础。数据库具备的 CAP 特性在多台计算机中运行的分布式数据库内也有所体现，首先是一致性，即所有节点中的特定数据在任何时刻都能准确保持一致；其次是可用性，即对于所有请求，无论成功与否都可以得到结果；最后是分区容错性，即部分系统死机而丢失信息时，整个系统能够继续运行。CAP 理论的核心是，任何分布式数据库都不可能同时实现上述 3 个特征，最多只能实现其中两点。比如，传统 RDB 具备可用性与一致性，所以总能保证数据的这两个特性。但如果加强这两项功能，则无法实现数千个节点以上的分布式处理。而选择了可用性与分区容错性的 NoSQL DB 当然能够扩展到数千个节点，但不可避免地，它在数据一致性方面呈现弱势。当然，NoSQL DB 的一致性特征较弱并不意味着无法保证数据准确性。为了实现可用性，需要将数据重复备份至多个节点。数据更新时，所有节点中的数据并非在同一瞬间完成更新并保持一致，而是经过一定的时间差，分别进行更新。这种特性可以用于分析，但无法在银行等任务关键系统中使用。NoSQL DB 中最著名的是 Mongo DB 与 Cassandra DB，它们都是开源软件。谷歌的 Big Table 与 Hadoop 中的 Hbase 也属于 NoSQL DB。

- **实时查询与分析**

实时查询与分析过程中，可以使用 Spark 开源工具。将其与 Hadoop 配合使用，可以在 In-memory 中处理 Hadoop Map Reduce。Spark 的速度比 Hive 要快很多，而且支持 Spark SQL，同时还提供了 JDBC/ODBC，能够与传统 BI 工具一起使用。

不同类型的工作使用的软件都是不同的。大数据技术十分复杂，如果想简化这种复杂的工作方式，可以先使用 Hadoop 进行数据收集和保管，然后根据需要从中进行查询分析。如果这样无法达到预期效果，可以再结合使用其他工具。

大数据技术中也存在一些问题。大数据技术中使用的软件大部分都是开源软件，所以在企业中启用这些软件也会遇到一些难题。除了缺乏技术支持外，由于大数据技术与传统 RDB 完全不同，所以学起来也不容易。这些问题最终会在大数据项目进展过程中导致人力资源方面的问题。

- **进行大数据项目必须使用 Hadoop 吗**

有人会问："进行大数据项目时必须使用 Hadoop 吗？"并非如此，我们可以先考虑以下几个问题然后再选择。

▶ 预算是多少？

▶ 参与项目的工程师有多少人？

▶ 开发新的应用程序时，是否有开发人员？

- ▶ 在招聘市场上能否轻松招聘到开发人员？

- ▶ 系统运营出现问题时，企业内部／外部是否有可以提供帮助并解决问题的人员？

7.1.2 大数据技术与传统 DW/BI 技术的共同点

大数据技术与 DW/BI 技术存在很多共同点，它们都不是处理数据的联机分析处理系统（OLAP，Online Analytical Processing），而是存储、分析数据的信息系统，二者必须能够同时实现传统报表、统计分析、数据挖掘、OLAP 分析等多种类型分析。更准确地说，除传统 DW/BI 的 DB 部分外，其他部分都是类似的。

7.2 向传统 DW/BI 系统引入大数据技术时的一些建议

7.2.1 传统 DW/BI 系统的需求

我们现在使用的 DW/BI 系统始于上世纪 90 年代末，由传统的信息系统逐渐演化而成。目前，中等规模以上的企业都具备 DW/BI 系统。从 2005 年开始，银行界纷纷构建新一代系统，这一现象对金融业及工业都产生了巨大影响。但这一状况对其他行业的企业影响并不大，它们仍然在使用传统的 DW/BI 系统，只是对 1995 年开始创建的 DW/BI 系统进行了逐步更新。进入 21 世纪，随着 Web 商务与移动时代的到来，数据量开始暴增，其规模之大是过去所无法比拟的，这种现象今后也将持续。因此，除目前正在流行的大数据技术引入问题外，为传统 DW/BI 系统的长期发展制定规划也是我们应该解决的问题。同时，数据量暴增导致大部分 Web 日志和移动数据等重要数据得不到处理，这是我们目前需要面对的真实情况。

考虑对传统 DW/BI 系统进行根本性升级的同时，如果还需要进行信息系 DW/BI 的 ISP（Information Strategic Planning，信息战略规划）规划咨询，那么此时就可以考虑积极引入大数据技术了。

7.2.2 DW/BI 第一阶段扩展方案

下面是传统 DW/BI 系统第一阶段扩展的架构。

为了实施第一阶段扩展，有必要先确定如下几点。首先要从现有 Web 日志数据获取电子商务中顾客的点击行为，或是从移动数据获取移动电子商务中顾客的点击与位置信息等，然后由业务人员提出能够将这些信息应用于销售的具体方案。业务人员提出方案之后即可开始构建大数据系统，我建议将对传统 DW/BI 系统的升级作为系统构建的方向。

对现有运营操作系统进行备份的方法之一是使用磁带设备。通常，大企业或银行的电算中心会使用"磁带机器人"进行备份，但这种设备价格非常昂贵，而且恢复数据会花费大量时间。如果将这些数据备份到 Hadoop，那么不仅所需成本比使用 Tape robot 少得多，还可以根据需要直接恢复数据或查询相应内容，这在数据处理中称为主动归档（Active archive）。

ODS（Operational Data Store，操作数据存储）在传统 EDW（Enterprise Data Warehouse，企业数据仓库）中主要用于存储原始数据，在其中进行的批处理作业要花费相当长的时间。如果将批处理作业中数据建模不复杂但计算过程复杂且耗时较长的作业转移到 Hadoop，将会大大加快处理速度。

将大量批处理作业转移到 Hadoop 不仅可以大大缩短处理时间，还可以有效减轻 ODS 与 DW 服务器的负荷。此时只要对原系统中的数据建模、负荷、源代码等进行分析，然后在 Hadoop 中采用多种方式处理并测试数据，确保产生一致的结果即可。

Hadoop 中使用的数据模型与 ODS 类似，是一种非规范化模型（De-normalized model）。为了加快 Hadoop 的数据处理速度，也可以使用 SQL On Hadoop 或 Spark 工具。

传统 DW/BI 系统第一阶段扩展方案的核心是保持现有 DW/BI 系统不变，同时以并行方式运行 Hadoop 及相关大数据系统。这样可以在不影响现有系统的前提下引入大数据系统，并探索系统未来发展的可能性。

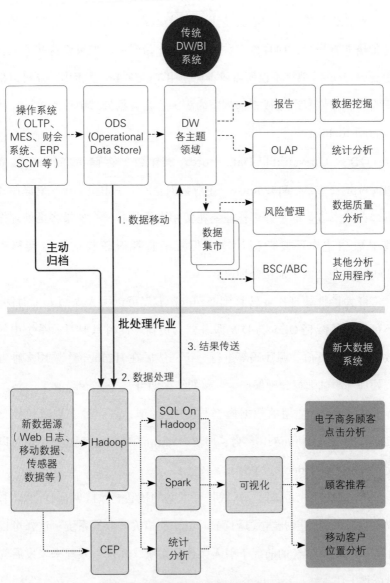

图 7-1　为引入大数据技术而进行的 DW/BI 第一阶段扩展方案

7.2.3 DW/BI 第二阶段扩展方案

第二阶段的核心重点是用 Hadoop 取代传统 ODS。传统 ODS 只能加载结构化数据，而 Hadoop 不仅可以加载结构化数据，还可以加载非结构化数据以及无模式（Schema）数据，这就是"数据湖泊"（Data lake）。虽然听起来很难，但由于 Hadoop 的数据模型与 ODS 数据模型非常类似，所有数据都是非结构化的，所以对分布式批处理作业或查询处理非常有利。当然，它也有不足之处，即需要全部更换当前 ODS 中运行的批处理配置程序。为了使客户能够像使用传统 SQL 一样轻松使用 SQL On Hadoop、Spark 等工具，各大软件供应商目前都在努力研发。

将传统 ODS 替换为 Hadoop 后，使用 SQL On Hadoop、Spark 等工具对传统 ODS 应用进行编码，即可创建传统 DW 主题区域（Subject area）或数据集市（Data mart）中要求的数据。这样，传统的报告、分析和数据集市应用程序等就可以直接使用。当然，进展到这个阶段并非易事，因为将传统 RDB 更换为 Hadoop 的同时，还要修改为 SQL On Hadoop、Spark。由于去除了传统 ODS 占用的 RDB 服务器，所以可以大大节省开支，而且可以提前做好准备以应对未来可能发生的数据暴增。同时，"主动归档"也可以直接保管到 Hadoop 而不进行任何修改。一般企业可以首先通过升级传统 DW 并进行相应修改以实现上述步骤，之后再不断调整优化。

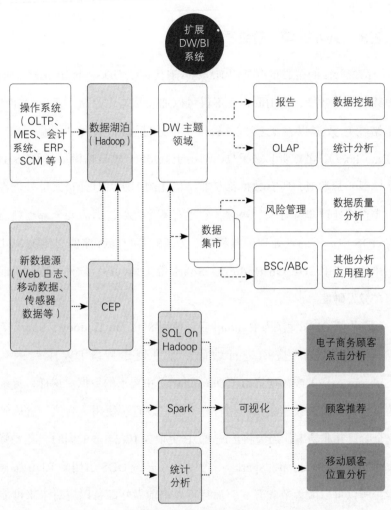

图 7-2 为引入大数据技术而进行的 DW/BI 第二阶段扩展方案

7.2.4 DW/BI 第三阶段扩展方案

虽然第二阶段得到的结果可能已经是项目的最终目标，但对企业而言，继续集中所有分析数据会更有利。事实上，目前尚未有可以将企业内部所有数据集中处理的大型服务器和 DB，所以即使我们希望可以在同一服务器或 DB 中处理所有数据，现在也无法办到。但我们已经可以将所有数据集中在一个地方，这也是一种发展趋势。将企业内的所有数据都集中到一台服务器，这称为企业数据中心（EDH,Enterprise Data Hub）。而企业数据仓库也是以"将企业内所有数据集中到一个地方"为出发点的，但目前无法在一台服务器上实现这一目标，所以只能将数据分离到多台服务器。

第三阶段的扩展架构如图 7-3 所示。将企业内所有数据集中保管的场所称为 EDH，传统 ODS、DW、数据集市中的所有数据均集中于此。

将所有数据集中到 EDH 后，原来 RDB（用于报告、OLAP、数据挖掘和统计分析）中的数据就都被转移到 EDH，所以有必要对其进行更新和重构。由于 Hadoop 工具（SQL On Hadoop、Spark、NoSQL 等）提供了 ODBC/JDBC（开放数据库连接 /Java 数据库连接），所以复杂的 SQL 部分不会出现兼容性问题。但因为大部分 DB 建模都采用多维模型（Dimensional modelling），所以需要进行非规范化处理。数据集市应用程序也采用了类似的建模方法，所以也需要重构。因此，第三阶段中，认为有必要进行数据集市应用程序重建时，即可开始。

通过重构可以让我们在没有重复数据的情况下分析数据一致性，日后的升级或新应用程序的研发也会变得更加容易。

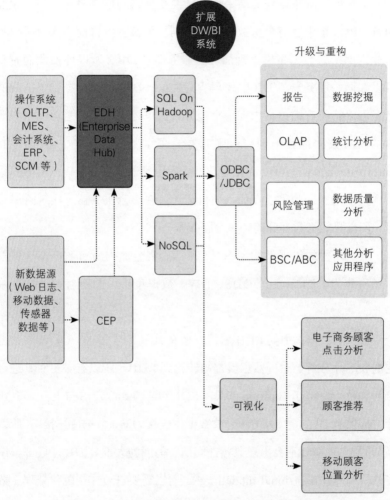

图 7-3　为引入大数据技术而进行的 DW/BI 第三阶段扩展方案

7.2.5　大数据系统引发的 IT 组织变化

随着 IT 范式的变化和企业环境的改变，原有的 IT 组织自然也要改变。IT 行业本身变化无常，而从业人员对这些变化却不怎么适应。大部分人都认为现在使用的技术是最便利、最优秀的，主要是因为他们花费了很多年去学习这些技术和工具，而且学习过程也并不容易。虽然有点讽刺，但这恰恰也是为什么有人认为，原本应该紧跟发展趋势的 IT 组织人员其实更保守。想让一个人完全放弃自己熟悉的技术，转而学习另一种陌生的技术并非易事，学习 Hadoop、NoSQL、SQL On Hadoop、Spark、CEP 等应用程序与学习传统的 SQL、RDB、OLAP、Java 是完全不同的。由于基本理念与概念不同，学习初期不可避免地会感受到文化冲击。因此，缓解文化冲击的同时，逐渐向新技术迁移（Migration）是非常重要的。正如前面几张扩展方案图所示，项目初期只需要具备懂得 Hadoop 技术的人员。但随着时间的流逝，必须具备同时懂得传统 DW/BI 与 Hadoop 这两门技术的人员，才能保证项目顺利开展，向只懂得 Hadoop 技术的人教授传统 DW/BI 知识的同时很难并行开展工作。与从外面聘请大量 Hadoop 专家相比，聘请少量 Hadoop 专家为传统 DW/BI 负责人进行 Hadoop 技术培训是非常有必要的，因为既懂传统 DW/BI 又懂 Hadoop 技术的专家是新项目组织不可或缺的人才。虽然可能感受到文化冲击，但这些人员经过培训后就能够运营新引入的 Hadoop 系统，并慢慢将其与传统 DW/BI 系统融合。

7.3 大数据解决方案

7.3.1 大数据架构

讲解大数据解决方案前，先深入了解大数据架构。从数据处理过程看，通常可以将大数据划分为从数据源收集数据、加载存储及安全处理、数据查询、数据分析、数据可视化等几个阶段；从大数据服务领域看，可以大致分为大数据云服务、提供社交媒体分析结果的 ASP（Application Service Provider，应用服务提供商）。

◆ **数据收集及加载（Data collection and load）领域**

　　大数据数据源种类繁多，比如传统系统产生的结构化数据、图片、视频、位置信息、SNS 等，从这些数据源收集数据并将结构化与非结构化数据加载到大量 DB 或 Hadoop 并不容易。传统 DW/BI 将上述过程称为 ETL（Extract、Transport and load，提取、运输和加载），此处也将其称为 ETL。

◆ **数据保存、处理、安全、管理领域**

- Hadoop 与管理工具：将数据保存到 Hadoop 进行处理、管理。

- 实时数据处理：与 CEP 一起对流数据进行实时分析和处理。

- 安全：保证大数据安全（加密 – 解密）的领域。

- NoSQL：NoSQL DB。

- 商用大数据 DB：为处理大数据而开发的 DB，具备数据查询、分析及实现数据可视化等功能。

◆ **数据访问及 Hadoop 连接部分**

- SQL On Hadoop：使用 SQL 查询 Hadoop 中的数据。
- 连接 Hadoop：连接 Hadoop，提供可以使用传统 SQL 的 ODBC、JDBC 驱动程序。

◆ **数据分析**

- 统计分析与现有数据挖掘部分：与传统统计分析工具类似。一些厂商会提供连接器，用于连接自身产品与 Hadoop。
- 自然语言处理及情感分析：该领域出现了大量新工具，国外的产品也可以支持中文。
- OLAP：与现有 OLAP 工具类似。各厂商都提供 Hadoop 连接器，用于连接自身产品与 Hadoop。

◆ **数据可视化**

- 数据可视化工具。

◆ **大数据云服务**

- IaaS：该服务提供 VM，用于在云中安装 Hadoop。
- DBaaS：将数据库安装到云服务器，使每个用户都可以像使用自己的大数据系统一样进行操作。该服务提供的数据库位于云服务器，不需要硬件，也不必安装 Hadoop 或其他软件。
- SaaS：该服务允许用户输入并分析数据，同时整合 DBaaS 中的分析与可视化工具。

◆ 社交媒体分析服务

- 在社交媒体中抓取数据，收集社交媒体数据并进行基本的自然语言处理后，根据用户提供的关键字进行实时分析。
- 各搜索引擎公司主要作为 ASP 提供服务。

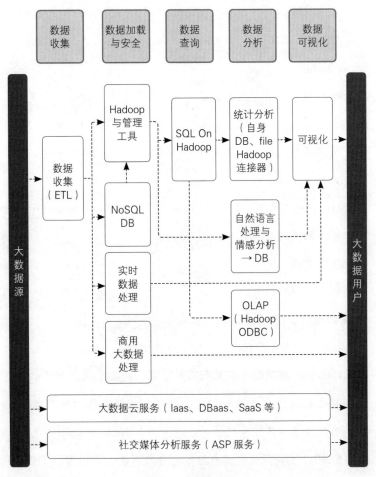

图 7-4 大数据架构

7.3.2 数据处理和查询领域的软件优缺点分析

下面分析大数据处理软件的优缺点，并介绍相应的知名软件，如表 7-2 所示。

表 7-2　各类大数据处理软件的优缺点

种类	优点	缺点	产品
Hadoop	·成本低廉 ·语言独立 ·开源	·MapReduce 难度高（需要 SQL On Hadoop） ·各公司开发版本不同，兼容性差	·Apache Hadoop ·Cloudera ·Horton Works ·MapR
SQL On Hadoop	·使用 SQL 取代复杂的 MapReduce ·数据存储于 Hadoop 中 ·可以使用基于 RDB 的 OLAP、分析工具（ODBC/JDBC 连接器）	·每种产品开发方式不同导致相互之间无法兼容，即两种产品无法同时在一个 Hadoop 中运营	·Hive ·Apache Tajo (Gruter) ·Cloudera Impala ·Hortonworks ·Stinger Facebook ·Presto
NoSQL	·快速灵活 ·扩展性与可用性好 ·可以快速查询大容量数据	·不支持事务处理 ·结构上难以进行连接操作 ·不支持 SQL	·Couch DB ·Mongo DB ·Cassandra DB ·Hbase
实时处理（流、CEP）	·可以采用 Rule-base 方式实时处理	·不支持加载大容量数据	·Esper　·Storm ·Apache S4 ·Redis
商用大数据处理	·针对特定用途开发，包含从数据收集到可视化的一整套工具	·价格昂贵	·Teradata Aster ·Splunk ·Sumologic

Apache Tajo 是 Apache 软件基金会的顶级项目，主要由韩国的 Gruter 与 SKT 开发。

不同公司开发的 Hadoop 版本不同，无法保证其兼容性，因为各供应商在开发时都对 Apache Hadoop 进行了大量修改。因此，一旦选用某个厂商的 Hadoop 产品就只能一直使用，这点与 UNIX 非常相似。UNIX 有伯克利 UNIX、HPUX、Solaris 等多个版本，它们虽然都是 UNIX 系统，但由于各厂商开发的版本不同，彼此无法兼容。

7.3.3　大数据基础设施与服务：国外解决方案

表 7-3 是处理、分析大数据的国外解决方案，灰底显示的是商用软件，白底的则为开源软件。

表 7-3　大数据基础设施与服务：国外解决方案

| 大数据基础设施 | | | | | | | | | 大数据服务 | |
数据收集	数据加载	数据查询 SQL	NoSQL	安全	实时数据分析	统计分析	可视化	硬件设备	抓取服务/情感分析	云
Informatica	Apache Hadoop 2.0		Cassandra	Vormetric	SAP Hana	R	D3 / Visual.ly	Oracle Exadata	Salesforce.com Radian6	Amazon (EMR)
Talend (Open Studio)	Cloudera (CDH 4.0 Impala 2.0)		Mongo		CEP Esper	SAS	Qliktech	EMC Greenplum (EMC Pivot HD)	SAS SMA	SoftLayer (IaaS + Hadoop)
IBM InfoSphere DataStage	HortonWorks (Data platform 2.0 Stinger)		Couch		Oracle	SPSS	Micro strategy	Teradata Aster		Rackspace (IaaS + Hadoop)
Apache Kafka	MapR (M5 Hadoop, M7 hbase)		Riak		Tibco		Tableau	IBM Netizza		Cloudant (DBaaS)
	Splunk		Redis				Spotfire			Amazon BigQuery
	Teradata Aster						Teradata Aster			Sumologic

☐ 开源软件　■ 商用软件

202

- **数据收集**：传统的数据收集工具有 Informatica 和 DataStage，它们都有相应的 Hadoop 连接器。开源数据收集工具有 Talend 和 Kafka。

- **数据加载**：Apache Hadoop 及其商用版本 Cloudera、Hortonworks 和 MapR。

- **NoSQL**：主要为开源代码，其中比较值得关注的 DB 是 Mongo DB 与 Cassandra DB。

- **安全**：目前只有 Vormetirc。

- **实时数据分析**：有 Esper、SAP 的 Hana、Oracle TimesTen 以及 Tibco Stream Base。

- **统计分析**：开源的 R、SAS、SPSS 以及 Teradata Aster。

- **可视化**：开源代码的 D3 和 Visual.ly 比较有知名度，同时还有延续了传统 OLAP 的 Qliktech 和 Microstrategy。

- **统计功能部分与可视化功能**：其中比较有名的是 Teradata Aster、Tableau 和 Tibco 的 Spotfire。

- **硬件设备**：与软件捆绑销售的硬件主要有 Oracle 的 Exadata、EMC 的 Greenplum、Teradata Aster 和 IBM 的 Netizza 等，这些硬件内部都装有 Hadoop。

- **抓取服务/情感分析**：Salesforce 的 Marketing Cloud（原 Radian6）是 ASP 版本，Teradata Aster 与 SAS 的 SMA 是自然语言处理、情感分析和文本挖掘的工具。因此，只有先通过抓取服务获取数据，才能使用 SMA 工具进行自然语言处理、情感分析及文本挖掘工作。Aster 具备 Connection Analytics（连接分析）功能，所以也可以用于进行网络分析。

◆ **大数据云服务**：亚马逊的 EMR 服务以及近期被 IBM 收购的 Softlayer 事先将 Hadoop 上传到 IaaS。目前，Rackspace 也提供类似服务、IBM 收购的 Cloudant 提供 DBaaS 服务、亚马逊提供 Big Query 服务、Sumologic 提供 SaaS 服务。

7.3.4 大数据基础设施与服务：韩国解决方案

大数据的韩国解决方案并不多，如表 7-4 所示。

表 7-4 大数据基础设施与服务：韩国解决方案

| 大数据基础设施 | | | | | | | | | 大数据服务 | |
数据收集	数据加载	数据查询 SQL	NoSQL	安全	实时数据分析	统计分析	可视化	硬件设备	抓取服务/情感分析	云
Datastreams (Terastream)	Apache Hadoop 2.0	Cloudine (Flamingo)			Kopens (Real Display Platform)			Mobigen IRIS	Saltlux	Kt
								Good moring Itech	Wisenut	SKT
					Altibase (Altibase)	Cemware CEMtool	WISE ITECH Wise Visual		SKT Smart-stinsight	
	Nexr NDAP (Hadoop+Rhive 管理)				Sunje Soft (Sun DB/Goldllocks)	OLAP			LG CNS 智能 SMA	
+M2M data Collection	Gruter (Cloumon, qoobah, Tajo)					WISE ITECH Wise OLAP			Daum Soft	
Namoo Inc (Codecore)						YAINSOFT Octagon			CYRAM	

☐ 开源软件　▨ 商用软件

◆ **数据收集**：韩国 ETL 厂商中，只有 Data Streams 公司开发了 Hadoop 连接器并对外提供服务。Namoo Inc 的 Codecore 产品专门收集机器数据，并发送到传统 RDB。

◆ **加载与管理**

- Cloudine 的 Flamingo：将 Hadoop 平台化，并用图形界面创建工作流，自动生成 MapReduce 代码，可以管理作业，同时提供多租户（Multitenancy）、访问控制等多种功能。

- Nexr NDAP：Nexr 是 KT 的子公司，开发了基于 Hadoop 的 Rhive 连接器。默认创建 Rhive 的 Hadoop 平台为 NDAP（Nexr Data Analytics Platform）。

- Gluter 的 Cloumon、Qoobah、Tajo：Cloumon 与 Qoobah 是 Hadoop 管理平台，Tajo 是 Apache 软件基金会 SQL On Hadoop 系列的顶级项目。

◆ **实时数据处理**

- （株）韩国开源解决方案公司（Kopens）正在进行 RealDisplay 的开发，这是一款实时处理数据处理的开源工具。

- Altibase 拥有可以处理流数据的数据库系统。

- Sunje Soft 开发了基于 SQL 的实时数据处理工具 SunDB 和基于 API 的实时数据处理工具 Goldilocks。

◆ **统计分析**：Cemware 是与 MATLAB（工学统计工具）类似的产品。

◆ **OLAP**：传统的 OLAP 供应商 WISEITECH 与 YAINSOFT 公司

将用于大数据处理的 OLAP 进行了产品化，WISEITECH 公司还推出了提供可视化功能的产品 WISE Visual。

◆ **硬件设备**: Mobigen 与 GoodmorningItech，Mobigen 产品内置 Apache Hadoop，Goodmorning Itech 产品内置 Cloudera。

◆ **抓取服务 / 情感分析**: 大部分以 ASP 形式提供服务，但也提供构建形式。

◆ **云服务**: KT 与 SKT 以 IaaS 形式提供大数据云服务。

7.4 值得推荐的韩国产品

7.4.1 Flamingo

Flamingo 是 Cloudine 公司开发的一款开源软件。最近，OCE（Open Cloud Engine）工作组将其作为大数据平台进行开发，目前与 OCE 中的 Netra（基于 Open Stack 的云引擎）整合，在 VM 中安装 Hadoop 后即可在 Flamingo 中运营。该软件最初的开发目的是为了进行测试，但将其应用于教学领域也可以为我们提供很多便利（出处：《Open Source Big Data Platform Flamingo Project 介绍与应用》，2014 年，金炳坤宣讲资料）。

企业内部，多人同时使用 Hadoop 时可能出现许多问题，Flamingo

平台就是为了解决这些问题而研发的，它包含了企业使用 Hadoop 时所必需的功能。具体功能如图 7-5 所示，主要有简易开发环境、Workflow Designer、Infra Monitoring、File Manager、ETL Script Editor、SQL Editor、Job Scheduler 以及用于数据挖掘和 ETL 的 Map Reduce code generation 等。

图 7-5　Flamingo 功能介绍及 UI

出处：金炳坤宣讲资料

◆ **文件系统浏览器（File System Browser）**：Hadoop 的文件系统是 HDFS（Hadoop Distributed File System）。Apache Hadoop 中，所有操作都是通过终端模式进行的，如果想了解当前文件的情况，就必须掌握 Command line 指令。但 Flamingo 中，可以借助简单的 GUI 执行这些命令，就像在熟悉的 Windows 环境中操作文件一样简单，并且目录下也可以直接创建 Hive table。

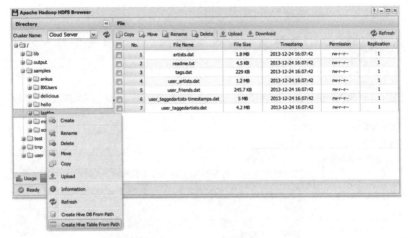

图 7-6　Hadoop HDFS 文件浏览器

出处：金炳坤宣讲资料

♦ **工作流**：Hadoop 中的 Woozie 是脚本形式的工作流工具，所以必须逐一编码。而 Flamingo 的工作流拥有 GUI，非常简便，即使不是开发人员也能轻松使用。

• 目前支持多种分析算法与基本统计功能，将来还会搭载 Mahout（Hadoop 的机器学习工具）和 Giraph（Social graph processing 工具）等模块，实现机器学习、数据挖掘、图表处理等功能。

• 使用该工作流创建数据处理过程后，会自动生成 Map Reduce 代码。

♦ **工作流监控（Workflow monitoring）**：将工作流中设计的执行模块放入实际的 Hadoop，运行并查看日志。

208

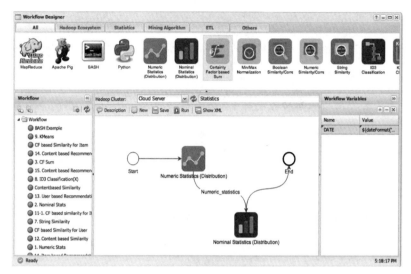

图 7-7　工作流数据处理

出处：金炳坤宣讲资料

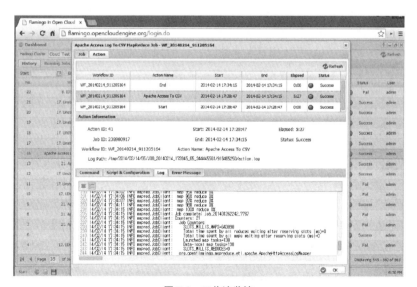

图 7-8　工作流监控

出处：金炳坤宣讲资料

◆ Flamingo 的优点

- 可以良好地兼容现有的众多 Hadoop 版本（Apache Hadoop 及商用版本）。

- 与商用版本功能没有重复。

- Hadoop 的启动和运行全部基于 GUI，使用方便。

- 无需直接编写 Map Reduce 代码，借助 Workflow Designer 工具可以轻松编写。

- 与 Netra（Open Stack-based IaaS）连接，可以将 Hadoop 上传至虚拟机，并在该环境中运行 Flamingo。

7.4.2　Apache Tajo

Apache Tajo 是 Apache 软件基金会的顶级开发项目，主要由韩国的 Gruter 与 SKT 公司负责开发。作为 SQL On Hadoop 系列的产品，Apache Tajo 可以兼容 ANSI SQL，并且直接使用 Hive 的 Metastore（出处：Query Optimization and JIT-based Vectorized Execution in Apache Tajo, San Jose Hadoop Summit 2014，崔贤植博士宣讲资料，Apache Tajo 主页：tajo.apache.org）。

现在，Apache Tajo 的性能已经可以与 Cloudera 的 Impala 一较高下，在某些方向甚至已经超越了后者。目前，Apache Tajo 的最新版本为 Tajo 0.8.0，与传统的 RDB 非常相似，支持传统 RDB 特有的内连接与外连接，以及 Group by 与 Sort 处理。还支持大部分 SQL 数据格式和 JDBC。与 RDB 一样提供连接支持，执行连接操作时，Apache Tajo 会自动搜索最适合的连接顺序。此外，采用 JIT vectorized engine，运行时能够生成并运行所需代码，根据 CPU 缓存并行处理数据，所以查询的执行速度相当快。

Apache Tajo 已经成为世界级项目，其目标是让我们可以像使用 RDB 一样使用 Hadoop，相信以后会对传统 RDB 市场产生巨大影响。Apache Tajo 开发完成后，如果其性能与安全性得到认可，以后将大量应用于全世界的大数据项目以及基于传统 RDB 的 DW/BI 扩展项目。

本章
小结

- 大数据系统与传统 DW/BI 系统的区别在于，它可以在价格低廉的硬件设备中处理大容量数据。这是一场划时代的变革，也是彻底改变企业 IT 环境的契机。
- 为了向传统 DW/BI 系统引入 Hadoop，首先要制作商业案例，以在 Hadoop 中处理原来无法处理的数据。然后，需要将这样的大数据系统应用于批处理作业和数据档案（Data archive），借此培养内部人才。
- 借助大数据解决方案构建大数据系统，可以明确了解具体应该选用哪种产品或解决方案。

大数据小问答

 测验题 1　以下关于大数据技术与传统DW/BI技术不同点的描述错误的是?

❶ 大数据技术在价格低廉的 x86 服务器中运行，而 DW/BI 则运行于价格昂贵的商业服务器。

❷ 大数据技术主要用于实时处理，而 DW/BI 只用于批处理。

❸ 大数据技术主要基于 Hadoop，而 DW/BI 技术则以 RDB 为基础。

❹ 大数据技术能够处理数十乃至数百亿条以上的数据，而 DW/BI 技术很难处理容量如此大的数据。

答案: ❷ 虽然大数据技术可以进行实时处理，但目前更多用于批处理。

 测验题 2　大数据技术与传统DW/BI技术最本质的不同点是什么? 大数据革命的根本动因是什么?

答案: 　即使使用价格低廉的硬件设备也能保证系统安全，同时提升性能。

测验题 3　大数据技术革命的原因是什么?

答案:　迄今为止，所有 IT 革命都是用更便宜、更普及的技术取代传统技术。大数据技术比传统 DW/BI 技术更稳定、更经济，所以掀起了大数据革命的热潮，这种变化也会持续下去。

 测验题 4　以下关于SQL On Hadoop的表述正确的是?

❶ 不需要编写复杂的 Map Reduce 代码即可轻松使用我们熟悉的 SQL。

❷ 是一种可以通过 SQL 使用 NoSQL DB 的工具。

❸ 该工具以 Rule-based 为基础，可以在 Hadoop 中进行实时分析。

❹ 借助该工具可以使用 SQL 进行处理,比商用大数据系统更易操作。

答案:❶　借助该工具，无需编写 Hadoop Map Reduce 代码即可直接使用 SQL。

BIG DATA

第 8 章

大数据项目
构建方法

构建大数据项目时，必须以系统的方法作为指导，并且这种方法要与实际情况相适应。构建大数据系统前，将所有相关人员集中在一起，可以通过大数据项目构建方法解除之前发生的误会，并整理不同提案。各位可以将本章介绍的大数据项目构建方法视为第5章大数据方案选择方法的后续，这两种方法彼此呼应，在构建大数据系统的过程中发挥着重要作用。

8.1 大数据项目构建方法的重要性

大部分方法只停留在理论层面，与现实有较大差距。而且内容非常复杂，实际项目中很少使用。特别是 IT 领域中大量使用的"○○构建方法"，大部分只是让提案更加好看，而实际项目中几乎不使用。既然系统性的方法使用率低、难度大又很无趣，为什么还要讨论呢？

大数据项目中，方法有着相当重要的作用。与普通 IT 项目不同，大数据项目的水平主要取决于大数据项目构建专家的水平。大数据项目没有固定框架，所以参与人员的水平不同，他们构建的大数据项目也会千差万别。因此，通过大数据项目构建方法为参与大数据项目的人员指明路标是非常有意义的。

8.1.1 利用大数据需要大数据项目构建方法

"大数据技术的核心就是大数据的灵活应用"，这种说法我们经常可以听到。这也暗示着，大数据目前并未得到良好利用。如果大数据项目开始实施时没有一个良好的开端，那么后期就很难将其灵活应用于企业业务。大部分企业中，大数据 TF 团队由 IT 部门领导，导致业务部门参与度很低，而且即使大数据系统构建完成，也很难将其灵活应用于实际业务。虽然一再强调业务人员在大数据项目构建过程中起着重要作用，但让他们参与项目并非易事。要想吸引业务人员参与大数据项目，必须在项目整体规划中确定如下几个问题：业务人员什么时候、哪个时间段参与，他们在项目中担任的角色，他们应该如何将结果应用于实际业务。大数据项目构建方法就是构建大数据项目的蓝图，它可以使业务团队和所有参与大数据项目的团队都能明确了解如何参与项目，以及自身在项目中扮演的角色，同时学会如何与其他团队沟通。

8.1.2 大数据项目需要良好沟通

如前所述，引入大数据项目时，由于自身所处的环境不同，每个人对"大数据"的看法也不一样。在企业内部消除这些分歧的方法之一就是，共享大数据项目构建与应用过程中的具体规划蓝图，即大数据项目构建方法。大数据项目由众多团队共同进行，所以相互之间的沟通就变得非常重要。特别是彼此性质截然不同的团队在同一项目中工作时，因为使用的术语和做事风格都不相同，所以为了准确沟通，必须明确指出它们各自承担的任务，以及有哪些工作需要与其他团队配合。

8.1.3 必须将阶段性执行程序融入大数据项目构建方法

虽然持续开展大数据项目是正确的，但如果不将相应程序步骤融入方法，那么项目进行过程中就会遇到阻碍。目前，所有 IT 项目都是一次性项目，进行预算并完成整个系统的构建后，进入后续维护阶段。然而大数据项目不是一次性项目，并不是系统构建完成后就结束，所以有必要讲解如何保持大数据项目的可持续性。本章介绍的方法也可以称为"可持续大数据项目方法"。

8.1.4 大数据项目构建方法必须与大数据方案选择方法相对应

各位可以将大数据项目构建方法视为大数据方案选择方法的续篇。构建方法以大数据方案选择方法为前提，确定大数据项目主题后，如果决定进入构建大数据项目环节，那么依据大数据项目构建方法将会获得很多帮助。反之，如果不以方案选择方法作为前提而只参考大数据项目构建方法，那项目进行过程中很有可能出现问题。因为业务人员不了解大数据项目主题也无法确定主题需求时，即使根据构建方法工作，与其他团队的沟通和对"大数据"概念的理解也会存在很大差异。

8.2 大数据项目构建方法定义

本章要讲解的大数据项目构建方法是我根据自身多年工作经验和构建大数据项目过程中的心得总结而成的。以第 5 章大数据方案选择方法为指导，最终确定大数据项目的总体推进规划和大数据系统构建的 RFP，然后确定项目开发商。

大数据项目构建方法以大数据项目推进总体规划作为起点。总而言之，总体规划首先要从商业角度制定应用及管理变化的计划，然后再按照各主题的分析、数据提供及系统构建的顺序进行整理。大数据项目推进总体规划中，大数据的商业应用是最重要的部分，所以采用自上而下（Top-down）的方式开展项目是十分有意义的。大数据项目启动时，应该先评估大数据系统应用（模块 2-4），然后修正大数据项目总体规划（模块 1），之后再进行新的循环，开始建设整个项目。

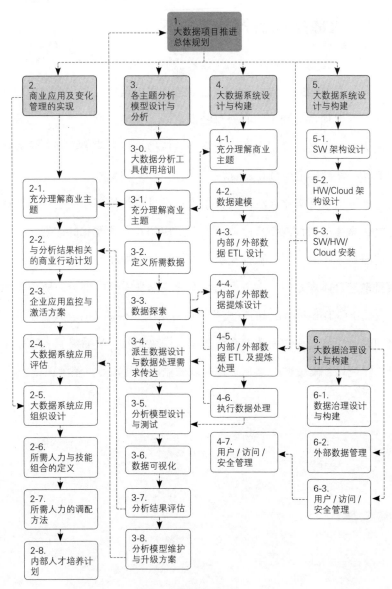

图 8-1　大数据项目构建方法

8.3 大数据项目推进总体规划（模块 1）

大数据项目总体规划可以划分为大数据系统设计、大数据治理模块设计、各主题分析模型设计和变化管理设计几个部分。当然，总体规划中的"设计"只是概念设计（Conceptual design），具体的设计是进入实际构建阶段后进行的。

构建大数据系统时，需要外部协助。因此，有必要了解提供协助的外部企业及其具备的能力。

◆ **大数据咨询公司**：这些企业应该是之前在项目中承担了大数据方案选择任务的公司。通过业务人员培训和相关座谈会，对内部业务的需求和需要解决的商业问题有着明确的认识。咨询公司不仅要懂得大数据分析，也要了解与大数据相关的 IT 技术。咨询公司与变化管理团队相互配合，监督、鼓励分析团队和业务团队参与项目，以将企业需要实现大数据战略的各领域的商业价值最大化。

◆ **分析咨询**：分析咨询公司承担着实现所选大数据方案的任务，所以只具备分析能力是不够的，还必须具备方案所属业务领域及相关领域的丰富知识。此外，分析咨询公司还应该具备可视化团队，以用可视化方式表现分析结果。虽然可视化工作可以外包，但必须先从分析咨询公司取得分析结果，之后才能进行可视化处理。

◆ **IT 咨询**：正如第 7 章提及的一样，大数据的架构与解决方案相当复杂。因此，进行 IT 咨询时，IT 咨询公司应当根据大数据项目主题及分析需求分析并选择适合的 SW/HW 架构、数据模型、数据治理以及云平台。

◆ **开发公司**：IT 咨询团队选择 SW 架构、工具并完成数据建模后，开发公司会将数据分析团队提供的数据进行 ETL 处理，生成派生数据，并开展数据安全管理等相关工作。

　　一家公司不可能包揽大数据咨询、分析咨询、IT 咨询和开发的所有工作，进行大数据项目时，需要各公司合作、大数据咨询公司担任 PM。虽然整个项目中 IT 方面的工作非常多，看起来应该由 IT 咨询公司领导整个项目，但由于首先要考虑的是商业主题与数据分析，所以需要由负责大数据商业应用的大数据咨询公司领导整个项目。因此，大数据咨询公司必须具备"商业 + 大数据 IT+ 数据分析"等至少 3 个领域的丰富知识与经验。

　　这个阶段最重要的任务是确定每个模块的负责团队。发包企业（要引入大数据项目的企业）内部团队要与外部企业协同工作。IT 项目的所有工作几乎全部由外部企业完成，而引入项目的企业（发包方）只负责管理和监督。而大数据项目中，即使发包企业不充当主导角色，在项目进展过程中也要一直跟进并保持学习的姿态。这样在整体项目完成后才能独立制作新的大数据分析模型，并对大数据系统进行更新。

- **大数据系统设计 / 构建**：发包公司 IT 团队 +IT 咨询公司 + 开发公司

- **数据设计 / 构建**：发包公司 IT 团队 +IT 咨询公司 + 开发公司

- **数据分析模型设计 / 分析**：发包公司各实际业务团队 + 分析咨询公司

- **商业应用及变化管理的实现**：发包公司大数据 TF 团队负责 + 大数据咨询公司

- **大数据治理设计 / 构建**：发包公司 IT 团队 +IT 咨询公司 + 开发公司

8.4 商业应用及变化管理的实现（模块 2）

商业应用及变化管理的实现模块主要由大数据 TF 团队的领导人负责。大数据项目开始构建后，与负责模块 3 的分析团队一起组成新团队。这个团队有很多称呼，最常用的有"大数据变化管理团队""大数据 COE（Center Of Excellence，卓越中心）团队""大数据中心"和"大数据系统应用中心"等。该模块的主要任务是不断收集各种商业需求，用以判断大数据项目是否符合商业目的，并将这些需求传达给各执行团队。它还负责制定执行规划，查看数据分析结果以何种方式应用于商业，同时不断对商业成果进行监测和评估。此外，由于该模块由 TF 团队领导人负责，所以作为项目 PM，还需要向其他部门及高层报告项目整体情况。

8.4.1　充分理解商业主题（模块 2-1）

该模块由分析团队的模块 3-1 与数据设计团队的模块 4-1 共享，其宗旨是对商业目的与领域达成统一、明确的认识。从项目开始到结束，所有团队都要对商业目的形成一致认识。为此，所有团队都必须对其他团队从事的工作有一定理解。此时，应该为借助方案选择方法制定大数据项目主题的咨询团队提供足够时间，使其与之前参与访谈及研讨会的业务人员一起，向未参加活动的团队成员详细介绍近期进行的工作，并对工作成果进行回顾。

确定大数据项目主题的过程中产生的成果都收集至"大数据项目主题备选评估模型"，仔细观察可以发现，其中包含了每个主题的负责团队、所需内部 / 外部数据、分析技术、提供的服务和预期效果等内容，仔细分析即可把握整个项目的开展方向和内容。此外，因为确定大数据项目主题时曾经召开了 2~3 个月的业务研讨会，所以相关人员已经拥有实际数据分析经验，在项目中与各团队人员分享这些经验可以使项目进展得更顺利，也更加贴近现实。

8.4.2 与分析结果相关的商业行动计划（模块 2-2）

大部分企业汇报大数据项目成果后就没有后续动作了，因为将大数据成果应用于实际业务并非易事。高层管理人士下达指示时，务必要明确相关细节，比如相关业务具体由哪个团队负责、应该如何执行和评价等。制作行动计划并非易事，因为各团队承担的工作都非常多，所以无法轻易做出决定。另外，由于项目收尾阶段已经产生了项目结果，所以制作最终报告的过程中，行动计划大都制定得比较敷衍。因此，系统性的方法中有必要事先制定编写行动计划的步骤程序。由于业务座谈会中已经有了数据分析经验，所以能够对分析结果做出一定程度的预测。虽然无法预测所有结果，但仍会有大致的轮廓。

行动计划中，必须明确定义负责部门、分析结果的执行内容、执行时间、对执行内容的评估指标（KPI）和执行结果接收团队等。

8.4.3 企业应用监控与激活方案（模块 2-3）

大数据分析与系统构建完成后，各业务部门将大数据系统应用于实际业务的同时，还要对前面制定的行动计划的执行情况进行监控。大数据系统应用激活方案用于指导如何更好地应用大数据系统，有些企业会通过组织各种活动以达到这个目的，比如组织大数据系统使用培训会、围绕实际业务召开大数据系统应用案例宣讲会、成立大数据兴趣小组分享心得体会，或者分享应用大数据系统的要点以兑换奖品等。

正因为人们很少使用大数据，所以我们才应当不断提高大数据系统的使用率。企业引入大数据系统后，其效果不会立即显现。换言之，企业成功引入大数据系统，并不意味着销售额会立即上升；反之，销售额也不会立刻下降，所以短期内很难看到引入大数据系统的效果。如果企业管理层很注重短期成效，要求在短期内看到引入大数据系统的成果，这将使大数据 TF 团队陷入非常尴尬的境地。即使初期选择了对公司业务有显著影响的主题进行分析，但随着时间的推移，这些主题的影响效果也会逐渐减少。因此，能否成功激活大数据系统并唤起人们使用大数据系统的热情是决定大数据项目成败的关键，为此要精心准备。

8.4.4 大数据系统应用评估（模块 2-4）

大数据项目中最困难的部分就是对大数据系统的应用效果进行评估。大数据项目本身是长期化项目，所以很难在初期对其进行评估。正如模块 2-3 提出的一样，最重要的是寻找能够切身感受大数据投资对比效果的事件，或者进行实际核算。

很多企业的管理层都对"大数据"抱有很大幻想，而著名咨询公司的大数据研究部门的资料在某种程度上又对他们产生这些幻想起到了推波助澜的作用。

图 8-2 所示的报告曾被许多机构引用，但其中出现的数值太过理想化。仔细研读报告就能发现，其价值计算方式是基于大规模使用大

数据而累积的价值总和，并非在具体情形之下采用特定方式核算得出。换言之，它是最大限度应用大数据系统时所能得到的价值的最大值。在这种资料的错误引导下，进行大数据项目时很容易让我们产生短期内即可获得巨大价值的错觉。正因如此，进行大数据项目时有必要不断提醒企业管理层，使其从对"大数据"不切实际的幻想中清醒过来。

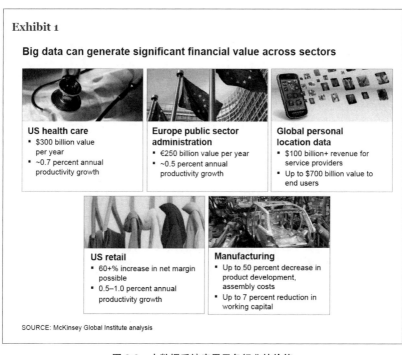

Exhibit 1

Big data can generate significant financial value across sectors

US health care
- $300 billion value per year
- ~0.7 percent annual productivity growth

Europe public sector administration
- €250 billion value per year
- ~0.5 percent annual productivity growth

Global personal location data
- $100 billion+ revenue for service providers
- Up to $700 billion value to end users

US retail
- 60+% increase in net margin possible
- 0.5–1.0 percent annual productivity growth

Manufacturing
- Up to 50 percent decrease in product development, assembly costs
- Up to 7 percent reduction in working capital

SOURCE: McKinsey Global Institute analysis

图 8-2 大数据系统应用于各行业的价值

出处：*Big Data: The next frontier for innovation, competition, and productivity*, McKinsey Global Institute, 2011

下面以首尔夜间公交线路为例进行说明。借助大数据确定夜间公交运营路线后，首尔市政府公布了为期 50 天的试运营结果。50 天内共有 303 940 名乘客乘坐夜间公交，平均每天 6079 名，并且呈增长趋势。市民称："与出租车相比，乘坐夜间公交更经济实惠、也更安全，很好地解决了以往交通不便的问题。"

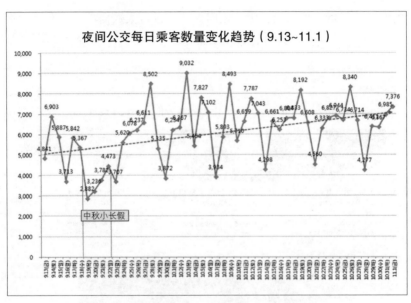

图 8-3 夜间公交每日乘客数量变化趋势

出处："夜间公交运营 50 天，每天 6000 名乘客 (www.newstomato.com/ReadNews.aspx?no=418762)，首尔市政府报道资料
短链接：http://goo.gl/tDRXfY

虽然首尔夜间公交是广为人知的大数据系统应用案例，但令人感遗憾的是，案例中并没有谈及利用大数据调整夜间公交线路后的效果。首尔市政府公布的资料显示，公交线路调整后，搭载的乘客人数增加了 5%~6%。换言之，线路调整后比调整前，公交车运送的人数多了 5%~6%。对于这样的效果，有的人认为获得了巨大成功，也有人认为

效果一般。但作为大数据系统应用的知名案例，我们非常有必要详细解读其结果。

　　大数据方案选择方法的大数据项目主题评估模型中，对引入大数据系统的预期效果进行了定义，其中公共机构与一般企业分别有 8 项评分标准。大数据系统构建完成后，我们需要对其是否达到预期效果进行调查。因为制定大数据项目主题时曾经利用预期效果作为评估标准进行评分核算，如果构建后也采用相同的评估方式，则可对大数据系统的应用进行正确评价。

　　引入大数据系统后应当如何评估各项预期效果呢？最简单的方法是针对各项目展开问卷调查，以员工为对象并收集结果。进行问卷调查时，注意不要采用 Yes/No 或 1~5 分制答题的方式。因为采取这两种方式后，一般人问答时都会给出过高或相当于平均水平的评价。因此，对大数据系统应用的结果调查应当采用具体且主观的方式提问。如果没有得到答案或者答案表述得十分抽象，则表明引入大数据系统没有获得成效；反之，如果员工给出的回答很详细，则表明引入大数据系统后产生了较好的效果。

表 8-1　引入大数据系统预期效果调查明细

预期效果（公共机构）	节约预算	大数据项目的实施节约了哪些方面的预算？
	确保决策依据	大数据项目在哪些方面为决策提供了依据？
	政策执行优化	大数据项目在哪些方面能够更好地帮助执行政策？
	国民服务满意度	大数据项目在哪些领域提高了为民众服务的水平？效果如何？
	节约社会成本	大数据项目节约了哪些领域的社会成本？程度如何？
	提升危机应对能力	大数据项目如何提升本市应对危机的能力？
	人员伤亡最小化	请举例说明大数据项目将人员伤亡降至最低的案例。
	提高业务洞察力	处理业务的过程中是否灵活应用了大数据项目的结果？
	其他	对大数据项目结果有何看法？
预期效果（一般企业）	节约成本	大数据项目帮助公司节约了哪些方面的成本？
	增加销售	大数据项目对提高公司销售有多大影响？
	提升企业形象	大数据项目结果对提升企业形象有哪些贡献？
	提高顾客服务满意度	大数据项目对改善客户服务满意度的影响有多大？
	履行社会责任（CSR）	大数据项目在公司履行社会责任的过程中有哪些贡献？
	风险管理	大数据项目对公司防范风险能力的提高体现在哪些方面？
	提高业务效率	大数据项目对开展当前业务有何帮助？
	提高对顾客与市场的洞察力	灵活应用大数据项目的分析结果对执行业务与把握顾客动态有哪些帮助？
	其他	对大数据项目结果有何看法？

对调查问卷的回答评估，最好采用如下方式。

- 5分：回答超过2项或回答中包含数值，且内容非常详细。

- 4分：回答超过2项或内容详细。

- 3分：回答超过1项，或回答抽象但持肯定态度。

- **2分**：没有作答，或回答内容抽象但持中立态度。

- **1分**：没有作答，或持否定意见。

另外一种方法是，项目启动前收集类似的企业评估指标。比如，事先收集各商品不同渠道的销售额、不同账户项目的成本、顾客满意度、生产效率等数据，将其与引入大数据项目后测定的数值进行比较，然后再与前面提到的调查问卷比较，分析各项目的对应指标与问卷调查的内容是否具有关联性。

8.4.5　大数据系统应用组织设计（模块 2-5）

每个企业中，大数据系统应用组织的作用与地位都各不相同。大数据项目完成后，"大数据 TF 团队"这一称呼就会被五花八门的名称取代，比如"大数据变化管理组""大数据 COE 组""大数据中心""大数据系统应用中心"等，本书将简称其为"大数据组"。其实名称并不重要，重要的是大数据组的作用及其在公司架构中的地位。由于大数据项目在实施过程中经历了诸多波折，负责人在项目后期几乎心力交瘁，所以他们没有太多精力关注后期大数据系统应用组织的设计规划。但大数据部门如何组建、如何开展工作及其在公司中的地位等相关问题，也都可以视为大数据项目的结果。项目构建结束后，如何将大数据效果应用于公司业务是非常关键的问题。因此，对大数据部门的设计规划不能在项目后期进行，而应该在项目初期就提前做好准备。

- **大数据组的结构设计与作用**

    大数据组要具备数据分析人员，这些分析人员的工作只涉及大数据组的工作，不能兼任其他部门的工作，其基本作用是借助大数据系统进行分析并得出结果。分析数据时最重要的问题是"分析什么（分析的主题）"，如果只依靠分析人员确定分析主题是有一定难度的，所以确定分析主题的工作必须由业务人员完成。业务人员都有自己承揽的业务，所以很难要求他们100%参与大数据组的工作并提出分析主题。业务组和大数据组的职责和分工程度不同，也直接影响了大数据组在公司中的地位。

- **A-type 组织形式**

    A-type 组织形式下，业务组只向大数据组提出分析请求，此时的大数据组更像是大数据分析组，很容易让人误以为大数据组只是将企业内的统计人员集中在一起的功能性组织。业务组向大数据组提出分析请求后，大数据组向 IT 运营组提出数据需求申请，对从 IT 部门获得的数据进行分析后，将分析结果交给业务部门。业务部门对大数据组交付的分析结果进行解读，并将之应用于业务。但大多数情况下，业务组通常为了向上级部门汇报才会请求进行数据分析，而分析结果也往往只归入报告的附加材料。

    是否将分析结果应用于实际业务是由负责具体业务的业务部门决定的，分析结果通常都只用作汇报的资料，所以管理层做出具体指示前，分析结果基本都不会得到实际应用。因为自身负责的业务非常繁忙，所以业务人员很容易将大数据相关工作视为一项新增的工作，与自身从事的业务没有太大关系。这样，大数据组就会沦为纯粹的大数据分析组，也会违背"将大数据系统应用于经营"的初衷。经历千辛万苦引入大数据项目最后只是在企业中增设了大数据分析组，这也是大数据系统应用中最差的结果。

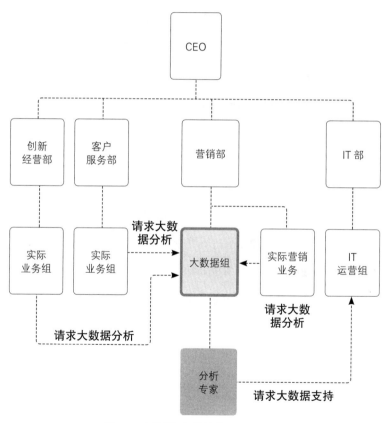

图 8-4　大数据组织设计（A-type 组织）

尽管如此，依然有很多公司选择这样的组织形式。因为其他业务部门不愿意为了新成立的大数据组重新分配人员或招聘新员工。如果公司管理层缺乏对大数据项目的关注度，那么企业在运营管理中就会更偏重业务部门的意见。这种情况下，大数据组就很有可能被并入营销部，因为所有部门中，营销部门是分析最多的部门。并且，由于营销部门中通常会配置一两名进行统计分析的员工，所以将大数据组划入营销部在管理层看来也是顺理成章的事。

- ## B-type 组织形式（矩阵组织）

    B-type 组织形式是指，在创新经营部下建立大数据组并配备分析人员，与各业务专家配合，以矩阵组织形式运营。由业务专家负责选择大数据项目主题，然后与大数据组一起分析，之后得出最终的分析结果。这种组织形式下，业务人员负责原业务的同时参与数据分析。韩国的企业文化中，矩阵组织形式是最难维系的组织形态。在美国，矩阵组织形态很常见，不会在工作中引发任何问题；而韩国企业无法认同同时有两位领导的架构形式，因为如果听命于两位领导的同时还要进行自己的工作，则很容易使员工失去对所属业务部门的归属感。

    B-type 组织结构下，如果想发挥该组织的最大优势，首先要确立业务组为主导、大数据组为附属团队的运营模式。这种形态下，业务组长负责评估工作，大数据组长为其提供参考意见，这是最合适的。由于大数据最终要应用于实际业务并评估成果，所以 B-type

组织结构形式是最合适的。从外部看，这种结构形式与最适合的双赢情况非常类似，但实际想要灵活应用是非常困难的。

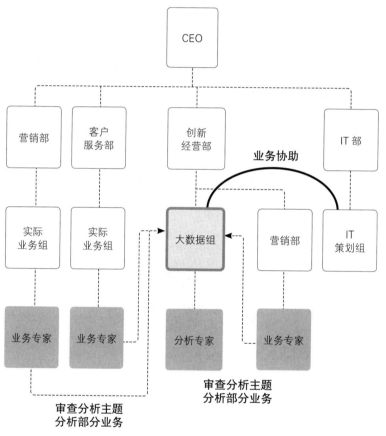

图 8-5　大数据组织设计（B-type/ 矩阵组织）

· C-type 组织形式

　　C-type 组织形式下，大数据组作为完全独立的组织单位进行运营，业务组选派一部分负责人调到大数据组。换言之，将部分业务人员分配到大数据组，由大数据组领导。

这种情况很少见，但如果大数据组不仅要负责大数据项目的推进、分析与应用，还需要在后期参与开展对外业务，那么早期规划和准备时，大多都会采取 C-type 的组织形式。为了支持这种业务组织活动，需要成立大数据项目运营协会，由各部门负责人参与业务协作，并且每月至少要举行 1 次报告会。C-type 组织形式中，大部分企业的大数据组都以总部下属的大数据中心形式存在，其地位高于各业务组。目前，各信用卡公司基于对外服务成立的团队都具有这种形态。

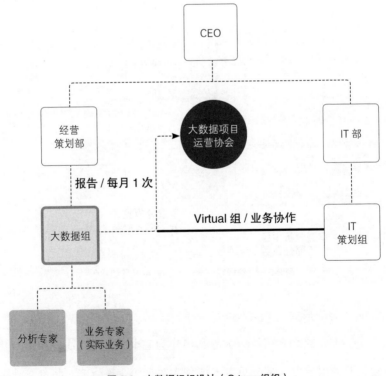

图 8-6　大数据组织设计（C-type 组织）

8.4.6　所需人力与技能组合的定义（模块 2-6）

如前所述，大数据组需要以下 4 种类型的专家。

◆ **大数据商务专家**：选择合适的大数据项目主题，制订大数据系统
　应用方案，以将分析结果应用于商务。因为需要编写行动计划并
　进行评估，以及选择新主题，所以这些专家不仅要具备大数据分
　析、IT 以及相关领域的知识，同时也需要拥有经营方面的知识。

◆ **大数据行业专家**：他们对围绕大数据项目主题开展的业务有着
　深刻的理解，具备相关行业的知识，拥有丰富的从业经验，并
　且能够将数据异常与业务情况联系说明。此外，大数据行业专
　家还要能为企业提供指导性建议，为大数据分析指明方向。

◆ **大数据分析专家**：为了对大数据进行 5 种分析，大数据分析专
　家要利用统计、数据挖掘、机器学习等算法对数据进行建模，
　并得出分析结果。他们不但要精通统计学，还要精通相关业务
　和 IT 知识。

◆ **大数据 IT 专家**：根据业务需求，获取相关数据并选择所需软件
　和硬件。能够承担设计并构建大数据系统以及为数据建模的工
　作。精通 Hadoop/NoSQL 及 R，能够运营 Hadoop 系统，具备
　丰富的系统修复经验，可以在系统故障时迅速找到并解决问题
　（Trouble-shooting）。此外，还要能够根据所需数据条件使用
　Hive 或 SQL On Hadoop 等数据处理工具。

8.4.7 所需人力的调配方法（模块 2-7）

近年来，随着对大数据应用需求的增加，大数据领域相关人员的调配问题变得越来越难。人力资源调配的方法有多种，比如招聘新员工、需要时外包相关项目、通过培训与长期合约培养所需人才等。

- **招聘**：最简单也是最难的方法。拥有大数据相关工作经验的人才非常稀缺，所以很难招聘到优秀的大数据技术人才。虽然也可以从其他公司挖掘人才，但需要支付大量薪金，容易使新进大数据技术人才与公司现有员工形成薪金差异，造成员工间的不和。

- **需要时外包项目**：这是比较受青睐的方式，采用这种方式不会产生高昂的费用，也不会造成员工间不和。但缺点在于，每次都需要将项目外包，企业内部员工很难掌握相关技术。

- **通过长期合约获取所需人力支持**：与其他公司签订长期合同，邀请相关专家进驻本企业工作，这也是企业最喜欢使用的方式之一。采用外包项目的方式时，每次都要撰写 RFP，还要筛选提案等，整个过程非常繁琐，成本也比较高，所以有些企业并不喜欢。而该方式既不需要撰写 RFP 与提案书，还可以轻松控制人力成本，同时能够稳定确保企业所需人才的配置，便于管理。企业主要通过合约方式调派大数据 IT 专家、大数据分析专家、大数据开发人员等相关人才。

◆ **咨询服务**：提供大数据项目整体咨询，或获取大数据商业应用、IT 系统构建方向等高级服务。

8.4.8 内部人才培养计划（模块 2-8）

其实，最重要的人才补充方法就是制定长期规划，在公司内部培训大数据技术人才。制定培训计划时，要以长期培训大数据商务专家、大数据行业专家、大数据分析专家和大数据 IT 专家为目标。其中，大数据商务专家、大数据分析专家和大数据 IT 专家可以直接通过相应培训项目进行培养，而大数据行业专家应该是十分熟悉现有业务的人才，这类专家可以通过公司内部挖掘并制定长期培养计划获得。

8.5 各主题分析模型设计与分析（模块 3）

8.5.1 大数据挖掘方法比较

在大数据挖掘领域，一些方法由来已久并已经得到广泛使用，比如 KDD（Knowledge Discovery in Database，数据库知识发现）、SEMMA（Sample, Explore, Modify, Model, Assess，数据取样，数据特征探索、分析和预处理，问题明确化、数据调整和技术选择，模型的研发、知识的发现，模型和知识的综合解释和评价）和 CRISP-DM（Cross Industry Standard Process for Data Mining，数据挖掘的跨行业标准流程）。这 3 种方法的共同点是反复执行各步骤，以及先行了解需要解决的商业问题。SEMMA 由 SAS 开发，CRISP-DM 则由 Daimler AG、SPSS、NCR 共同开发。二者中，CRIP-DM 是目前使用最普遍的，SEMMA 则被集成到 SAS 数据挖掘工具（Enterprise Miner）中使用（出处：KDD, SEMMA, and CRISP-DM: A Parallel Overview, Ana Azevedo, and Manual Filipe Santos, IADIS European Conf. Data Mining, 2008; IBM SPSS Modeler CRISP-DM Guide）。

表 8-1 比较了这 3 种方法，并展示了其与大数据项目构建方法联系得出的结果。

表 8-1　KDD、SEMMA、CRISP-DM 与大数据项目构建方法（分析部分）的比较

KDD	SEMMA	CRISP-DM	大数据项目构建方法（数据分析领域）
Pre KDD		Business Understanding	充分理解商业主题（3-1）
Selection	Sample	Data Understanding	定义所需数据（3-2）
Pre-processing	Explore		数据探索（3-3）
Transformation	Modify	Data preparation	派生数据设计及数据处理条件的传达（3-4）
Data mining	Model	Modelling	分析模型设计与测试（3-5）
			数据可视化（3-6）
Interpretation/evaluation	Assessment	Evaluation	分析结果评估（3-7）
Post KDD	Deployment		分析结果的商业行动计划（2-2）/分析模型维护及更新方案（3-8）

出处：KDD, SEMMA, and CRISP-DM: A Parallel Overview

240

综合以上 3 种方法，考虑与 IT 团队合作的前提下，将其与大数据项目构建方法进行映射。现有 3 种方法的基本前提都需要已经具备分析数据，并且假设分析团队能够对所有现有数据进行操作。大数据项目构建方法中，分析数据前需要先创建加载数据的系统。准备开始分析时，要求数据设计和构建的大部分工作已经完成。此外，分析团队要接受相应培训和实习，使分析人员能够在一定程度上直接处理相关数据。

大数据分析方法有间接分析法和直接分析法，下面详细讲解这两种方法。

8.5.2　大数据间接分析法

间接分析法是指在大数据服务器（Hadoop、NoSQL 等）中创建分析所需数据，然后将数据传到数据集市，再使用现有分析工具进行分析。对分析专家而言，间接分析方法的分析过程与一直使用的传统分析方法完全相同，只需在分析前交付 IT 团队，将所需数据由大数据服务器传到数据集市即可。由于分析过程中使用的分析工具与以前统计和数据挖掘时所用的工具一样，所以这种方法非常受分析专家欢迎。

这种方式的缺点是，分析专家无法直接操作大数据，必须将相关处理工作委托给 IT 团队。在大数据时代，除了无法直接接触大数据这个缺点外，分析专家及大数据服务器之间的数据集市还很容易发生数据量暴增等问题，所以数据操作需要花费很长时间，并且重复数据还有可能引发错误。除此以外，这种方式无法保证大数据服务器中的数据与数据集市中的数据总是保持一致。大数据服务器中，新数据持续更新，这要求数据集市必须反映这些变更事项。这一过程中即使发生再小的错误，得到的分析结果都会出现很大差异。此外，数据集市是基于原有 RDB 系统的，所以花费的成本也很高。

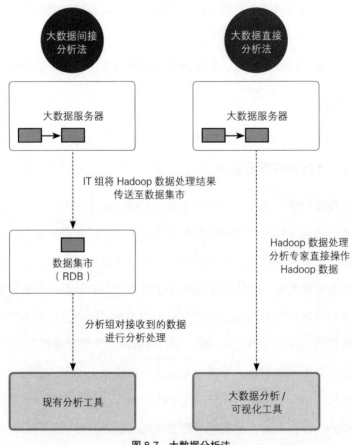

图 8-7　大数据分析法

8.5.3 大数据直接分析法

大数据直接分析法是指分析专家直接对大数据服务器中的数据进行分析，此时使用的工具是大数据 IT 部门已经具备的工具。分析专家需要学习这些工具的使用方法并进行练习，这些工具中有些可以通过 Hadoop 连接器直接访问 Hadoop 中的数据。大数据直接分析法克服了间接分析法的所有缺点，但这也意味着分析专家要积极学习使用大数据分析工具，并承受可能随之而来的文化冲击。支持大数据直接分析法的工具非常多，具体请参考第 7 章相关内容。

8.5.4 大数据分析工具使用培训（模块 3-0）

可以参加各分析工具供应商的培训课程。培训结束后的实习阶段可以利用自己公司的数据，采用内部方式练习。但采用这种方式时，不同的供应商会要求支付不同的培训费用。从构建大数据 IT 系统到完成数据加载需要耗费较长时间，所以建议在此期间让参与大数据组工作的业务人员与普通数据分析人员都接受这类培训。IT 团队与分析团队沟通时使用的专业术语不同，为了统一，可以参考如下内容。

- ▶ 分析组所指的"数据集"是 IT 组所说的"表格"（Table）。
- ▶ 分析组所指的"条目"（Attribute）是 IT 组所说的"列"（Column）。

▶ 分析组所指的"实例"（Instance）是 IT 组所说的"行"（Row）。

8.5.5　充分理解商业主题（模块 3-1）

本模块与变化管理组的模块 2-1 类似，但该模块要求分析组必须对商业主题进行更深入的理解，特别是在各主题的分析目标、数据及分析方法等方面要花费更多心思。该模块中要进行的工作整理如下。

◆ **定义商业目的**：首先了解相关产业并掌握业务细节。对用户群、需求、预期值、需要解决的问题以及预期效果进行事先定义。

◆ **了解（Assessment）目前的主要情况**：对当前要实施的大数据项目现状、数据源、相关数据以及当前所用的大数据软件和硬件进行了解。

◆ **确定分析目标**：将商业目标转换为分析目标（比如，如果商业目标是为了防止保险诈骗，就要将引起保险诈骗的主要因素变换为基于 Regression 的 Scoring 等），并列出模型评估的主要项目。

◆ **制定项目规划**：定义各阶段流程及产生的结果。对各阶段运用的具体分析技术和方法进行详细描述，如果需要特殊人力支持也要在规划中备注。

8.5.6　定义所需数据（模块 3-2）

详细定义需要的内部数据与外部数据。如果外部分析咨询公司承担该项工作，由于其无法获知企业 IT 系统的数据现状，所以很难准确描述数据代表的含义。此时如果与业务人员协同工作，将会非常便利。由于该项工作要将所需数据信息传达给 IT 组，所以要尽可能对数据进行详细描述。大数据系统的好处之一就是不需要担心数据的存储问题，所以向 IT 组提出数据要求时，尽量不要具体指明需要哪个数据表的哪些列，而应该要求他们提供某个数据表内的所有数据。

8.5.7　数据探索（模块 3-3）

首先对得到的数据集进行全面了解（数据大小、类型、数据源、获取方法、路径位置等），然后对数据集进行基本分析（分布图、平均值、最大值、最小值、标准方差、离散、模式、偏度等），评估数据质量，并将评估结果转达给 IT 组。

- ▶ 了解各项的值是否具有特殊意义。
- ▶ 了解数值是否准确描述了所有情形，是否存在错误值，并掌握错误数量。
- ▶ 了解是否有遗漏的值或空值（Blank），并掌握其含义。
- ▶ 了解各项含义与其中的值是否匹配。

▶ 查看特殊项的值是否都相同，并了解其中原因。

8.5.8 派生数据设计与数据处理需求传达（模块 3-4）

数据处理是所有环节中花费时间最长的部分，所以要事先做好准备。本环节要对 3-3 模块中接收的数据进行以下处理。

◆ **选择数据**：整理并申请所需的额外数据，特别是外部数据，必须对收到的数据集是否是所需数据进行确认。

◆ **数据校正**：对噪声（Noise）数据进行替换、删除或忽略操作，确定如何处理特定值、无值和空值。数据中出现离群值时，确定如何处理和看待的同时，还要向相关行业专家咨询出现离群值的原因，这也是进行大数据项目时需要行业专家的原因之一。

◆ **派生变量（Dervied attributes）**：根据商业目的创建派生变量。为了创建新数据集，对数据进行加工、分类、格式化等处理。

上述内容可归纳总结为两类，一类是分析组自己要进行的工作，另一类是需要向 IT 团队申请的。由于 IT 团队获得数据后要对数据进行编码，所以提出的数据处理要求越详细，后面得到的结果就会越明确。该阶段之所以要花很长时间，不仅是因为处理数据所需时间长，还与分析组与 IT 组间的沟通是否顺畅有关。

8.5.9 分析模型设计与测试（模块 3-5）

◆ **分析建模技术的选择与模型设计**：如果特定建模技术要求数据具备特定格式、质量、分布等前提条件（Assumption），那么就要对其进行定义并设计测试方法。

◆ **测试方法设计**：制定测试计划。确定能否将数据集按照培训、测试和评估三种用途进行划分。设计测试的各个阶段并准备所需数据。

◆ **运行分析模型**：为了使分析工作顺利进行，要确定许多参数并记录制定这些相关参数的依据，然后在分析模型中运行准备好的数据。

◆ **评估模型**：根据各评估项对结果进行评估。将分析结果解析为商业术语，请行业专家对这些结果进行分析解读，并对分析结果进行可靠性测试。

◆ **重复**：由于只做一次模型并不能得到预期结果，所以要不断重复上述过程，直到得出好的结果。

8.5.10 数据可视化（模块 3-6）

如果在模块 3-5 中获得了预期结果，下面就需要采用多种方式对得到的结果进行可视化处理。迄今为止，DW/BI 领域一直使用 OLAP，所以有必要了解其与可视化的不同之处。可视化工具中，有些工具是在原来 OLAP 工具的基础上通过添加可视化功能制作的，其中一部分工具（Teradata Aster、Tableau、Spotfire 等）还包含了统计功能。一些原有的统计分析工具（SAS、R 等）目前也包含了可视化功能。除此以外，还有一些开源机构开发的可视化工具（visual、ly、D3 等）和云端提供的工具（googleVis 等）。

无论分析结果多么出色，如果内容很难理解，企业管理层就无法依据其进行决策，也很难将这些分析结果应用于实际业务，这就意味着这些分析结果将无法产生实实在在的商业价值。借助数据可视化可以将视觉效果与瞬间性理解功能结合，为企业决策提供可靠依据。分析数据时结合可视化处理有助于理解数据。得出分析结果并进行最终分析报告时，在报告中附加经过可视化处理后的结果，企业管理层与管理团队就可以更直观地理解报告内容。

8.5.11 分析结果评估（模块 3-7）

该部分主要评估分析结果的准确程度（Mean error rate with regression model 等），需要与变化管理组一起进行，针对评估模型本身与商业目标的契合度做出评价（模块 2-2）。评估分析结果时，变化管理组的方法与分析组的方法是不同的。

- **变化管理组的评估**

  变化管理组不仅要对模型准确度进行评价，同时还要比较将分析成果转化为商业行为后的业务差异。评估时必须首先确定想要获得的商业利益是什么，此外，了解实施商业行为所需的成本也是非常重要的。投入的成本少于获得的商业利益时，无论模型准确度是81%还是81.5%都不重要。因为我们最终关注的不是模型的准确程度，而是能够获得的商业利益。因此，分析组采取商业行动时，需要罗列可能产生的各种商业利益，为后期分析工作提供便利。

- **分析小组的评估及后续措施**

分析小组要能够对他们认为最适合的分析技术及其适合原因进行说明。此外，对于现实中所有已存在的和无法预估的变量，以及考虑这种变量后准确率可提升的程度等因素也要进行关注，因为以后的升级计划需要体现这些内容。对于分析结果，分析组要与多个部门沟通，沟通时尽量不要使用专业的分析术语，而要使用易于理解的日常用语。因为对于分析结果理解的人越多，分析组就越能得到更多认同和称赞。分析说明时，分析组需要对结果能够为公司业务带来的成果做出具体说明，过程中最好列举一些成功的商业案例。最终决策由企业管理层与变化管理组做出。"分析由分析组承担，决策由管理层决定"，这样的观念在经营管理者脑中根深蒂固，所以分析组也应该遵从这一观念。

将分析结果应用于商务时可能要对一些部分进行调整，提出相关修改意见是分析组最重要的工作。如果评估的最终结果是以评分方式体现的，则必须明确指出评估中各项分数指标需要在哪个系统中以何种方式反映，并与负责相关系统的 IT 组进行商讨。此外，还要明确指出各部门需要承担的工作，比如为了对应评分指标，客户服务组要进行哪些工作等。该阶段最重要的是，与变化管理组一起召开会议并准确传达相关内容。

8.5.12 分析模型维护与升级方案（模块3-8）

如前所述，大数据项目不是一次性项目。因此，必须准备相应的分析模型维护与升级方案。分析时，分析模型中不断涌入新数据，并通过现有分析模型产生结果值。此过程中必须对需要监控的内容及其代表的含义等进行说明，同时还要明确指出要对哪些部分进行维护。

目前，大部分公司都无法自行维护分析模型。分析模型一般都由创建公司负责维护，因为业务分析专家并未实际参与项目，所以无法独立维护。也正因如此，他们错失了通过业务学习分析的良好机会。

如果企业计划以后要对模型进行升级，那么必须针对升级方式给出明确指示。大部分企业无法自行维护分析模型，只能在需要时请求分析公司的帮助。对于企业而言，升级分析模型是一件难以想象的工作，而分析模型本身就像是一个谁都无法触碰的"暗箱"（Blackbox）。业务分析专家只有一开始就参与项目才能独立解决项目完成后的升级问题，同时，通过这种方式还可以培养业务分析专家的独立分析能力与建模水平。如果变化管理组认为升级部分与现有分析模型一起运行能够获得更好的商业效果，那么一定要考虑需要更新哪些部分，并在接下来的项目中得到体现。

8.6 大数据系统设计与构建（模块 4）

进行大数据系统设计与构建时，必须与分析组紧密合作与交流。不仅要充分理解商业主题，还要深入了解分析组常用的专业术语与思维方式。大数据项目是不同行业专家通过相互交流合作共同创建的新系统，只有充分相互理解才能顺利开展大数据项目。

8.6.1 充分理解商业主题（模块 4-1）

变化管理组的模块 2-1 与分析组的模块 3-1 是相同的，此处最重要的是了解各主题需要何种数据。通过大数据项目推进总体规划在一定程度上了解项目大致框架后，必须开展实际所需数据的确认工作。

8.6.2 数据建模（模块 4-2）

数据建模也是大数据项目必须进行的工作，包括内部数据建模和外部数据建模。建模时应当尽量避免连接操作，建议采用反规格化建模（De-normalizated modelling）的方式。进行 DW 建模时，要将一般维度表（Dimension table）与事实表（Fact table）连接，而大数据项目中则要将所有维度表放入事实表。Hadoop 与 NoSQL DB 中，连接操作通常会花费很长时间。大数据项目中，由于大数据系统以数据表形式分布于数百乃至数千个节点，各节点之间的大量通信会影响连接操作，导致执行速度变慢。第 7 章曾经提到 Apache Tajo，其开发目的之一就是为了给客户提供这样的连接操作。

大数据中，不仅是结构化数据，非结构化数据也可以放入一个数据表（或者文件），所以建模时要充分考虑这一点。Hbase 是基于 Hadoop DB 的 NoSQL 数据库，它是一个分布式的、面向列的开源数据库，所以查询速度非常快。但依据记录进行的数据删除或更新的速度较慢，所以建模时要充分考虑这一点。

对于 MangoDB 与 CouchDB 这类文档型的 NoSQL DB，在其中一个数据表中可以放入另一个数据表。由于允许数据表叠加，所以可以在同一数据表中处理父数据表与子数据表，这种去除连接操作的方式非常有助于建模。

8.6.3 内部／外部数据 ETL 设计（模块 4-3）

内部数据大部分位于 RDB 系统，其中一部分以文件形式存在，比如 Web 日志数据。外部数据可以文件形式通过 FTP 收发，也可以使用 API 连接方式获取。基于安全考虑，人们并不常实时接收外部数据。若目标系统为 Hadoop，由于支持 Hadoop 环境的 ETL 工具很多，所以可以轻松加载数据。Hadoop 工具中的 Apache Flume 可以实时获取企业 Web 服务器等设备产生的 Web 日志，而传统 RDB 工具 Apache Scoop 则可将数据从传统 RDB 加载到 Hadoop，或者将 Hadoop 中的数据再次传送给 RDB。

如果目标系统不是 Hadoop 而是 NoSQL，则需要按照 NoSQL DB 支持的接口（JSON、XML 等）创建文件并发送。最近，Mango DB 的数据库在现有 ETL 工具中提供了相应的连接器，能够更简单地处理数据 ETL。但并非所有 NoSQL DB 都提供 ETL 连接器，如果要通过编写代码执行 ETL 处理，则需要耗费相当长的时间，所以设计项目时必须考虑这一点。

8.6.4 内部／外部数据提炼设计（模块 4-4）

数据提炼操作需要耗费相当长的时间，使用普通 ETL 工具可以在进行 ETL 处理时一起输入提炼条件，然后一同进行模块 4-3 与模块 4-4。

分析组收到初始数据后，会先对数据进行探索（模块 3-3），此时要大范围检查数据状态。分析组需要向 IT 组报告收到的数据状态，所以查看数据质量报告后才能细致提炼数据。进行数据提炼操作的方法有如下两种。

◆ **在 ETL 过程中提炼数据**：这种方法在提取、加载数据时添加提炼条件。数据经过提炼后才会被加载。根据键的不同，数据可以具备多种关系。特定数据缺失时，保留下来的其余数据可能引发问题。

◆ **在 ETL 过程中无条件加载并提炼数据**：这种方法首先加载所有数据，然后在 Hadoop 中提炼。该方法需要编写在 Hadoop 中执行数据提炼的代码，所以使用起来非常麻烦。并且编写代码耗费的时间较长，所以选择方法时要充分考虑这一点。

8.6.5　内部 / 外部数据 ETL 及提炼处理（模块 4-5）

一起执行模块 4-3 和模块 4-4 中设计的 ETL 与提炼操作。ETL 工具也带有执行处理调度与监控功能，所以可以对 ETL 及提炼操作进行时间安排与监控。

8.6.6　执行数据处理（模块 4-6）

数据处理是创建分析组所需数据集。此时需要在 Hadoop 中进行数据处理，处理数据时应该考虑如下问题：

- ▶ MapReduce 编码；
- ▶ 使用 Hive 或 Pig 编写 HiveQL 或 Pig 脚本；
- ▶ 使用 SQL On Hadoop（Cloudera Impala、Hortonworks、Apache Tajo 等）工具进行 SQL 编码；
- ▶ 使用 Flamingo 等工具，在 GUI 状态下，用图形界面操作取代编码操作。

8.6.7　用户 / 访问 / 安全管理（模块 4-7）

用户管理是指向用户赋予权限级别（Access level）。不同级别用户拥有的权限不同，所能执行的操作也不同。访问管理决定用户组可以访问哪些数据表 / 数据。

8.7　大数据系统设计与构建（模块 5）

设计与构建大数据系统时，要在假设客户需求经常变化的前提下进行，同时还要保证系统具有良好的灵活性与可扩展性，并且后期易于维护（出处：《Hadoop 技术详解》）。

8.7.1　SW 架构设计（模块 5-1）

企业选择使用的 Hadoop 时，首先要确定选择商业 Hadoop 还是 Apache Hadoop。即使选用商业 Hadoop，因为其中包含开放源代码，所以要事先考虑需要支付哪些费用。这是许可费用，除每次一次性应支付的费用外，还要再加上每年的软件授权维护费用。如果选用商业 Hadoop，则根据享受的维护服务种类的不同，花费的成本也不同。这部分费用是每年要支付的服务费用，应与授权使用费分别计算。

◆ **数据收集与加载**：数据的 ETL 过程正如模块 4-3 中提到的，无论企业使用商业还是开源 Hadoop，收集与加载数据时，都建议使用 ETL 工具。

◆ **数据存储、处理、安全、管理**：可以从 Hadoop、NoSQL 和商用大数据 DB 中选择。如果需要实时处理数据，则可以考虑使用 CEP。

◆ **数据查询与连接 Hadoop**：Hadoop 中，查询与连接是必不可少的。特别是对 SQL On Hadoop 而言，这是必需的。

◆ **数据分析与可视化**：统计分析、数据挖掘、可视化工具都是必备的。关于自然语言处理与情感分析部分，正如第 3 章所述，可以直接使用相关工具进行情感分析，也可以使用其他公司提供的社交媒体分析服务（ASP）。究竟采用哪一种方式需要根据企业的具体需求决定。关于 OLAP 工具，如果原 DW/BI 中有曾经使用过的工具，那么可以继续使用。此处需要指出，OLAP 工具并不是必选工具。

数据备份 / 安全工具只有商业 Hadoop 中才包含，而 Apache Hadoop 则没有提供这些工具。

256

8.7.2 HW/Cloud 架构设计（模块 5-2）

• Hadoop 的 Name node 与 Data node

Name node 拥有所有 Data node 的目录信息。Name node 瘫痪时，整个系统就无法工作。因此，必须有 3 个 Name node 以 Active-standby（活跃 - 待机）形式运行。此外，由于目录信息的访问非常频繁，建议增加内存大小，以便在内存中处理。大数据系统中，数据至少存在于 3 个 Data node。一般而言，节点数量在 20 个以内的为小型系统，30~100 个的为中型系统，150 个节点以上的为大型系统。设计 Hadoop 时要充分考虑 Data node 瘫痪 - 恢复的重复性，以保证部分 Data node 瘫痪时，其他 Data node 仍能正常工作。一旦系统开始处理数据，各 Data node 就会不断运转，不会出现闲置时间，这意味着没有必要购买价格昂贵的设备。

为了最大限度提升性能，Hadoop 系统完全采用非共享式（Shared nothing）架构，所以并不需要类似 SAN（Storage Area Network，存储区域网络）这种划分存储空间的设备。增设节点不会影响原有节点，操作非常方便，但连接各节点的以太网电缆数据传输速率至少要达到 10 Gbps（Giga bit per sec，千兆每秒）。

如果需要设计非常小的 Hadoop 集群，需要考虑以下两点：

▶ 3 个 Name Node（每个节点 2*6 core，96 GB RAM，24 个 1 TB

SAS 磁盘）；

▶ 8 个 Data node（每个节点 2*6 core，64 GB RAM，24 个 1 TB SAS 磁盘），10 GB 以太网

这种规模的集群中，全部 Data node 为 24 TB *8 个磁盘，共 192 TB，数据重复量至少为 3 个，Overhead factor（间接因素）为 1。因此，192 TB/4 相当于 48 TB 的 Usable data size（可用数据大小）。对于一般企业，这种规模的容量足够存放所有数据。

- **灵活使用公共云服务**

   构建大数据系统初期需要进行很多实验，如果能够好好利用云服务，那么只需花费很少成本就能构建大数据系统。使用公共云时，人们常常担心安全问题。因此，公共云服务供应商一直在保护数据安全方面花费大量时间与精力，致力于防范事故。如果签署了 SLA（Service Level Agreement，服务等级协议），就可以很好地预防数据安全事故。但使用公共云完成系统测试后，为了将系统顺利迁移到自己公司的设备，必须多加注意。

8.7.3　SW/HW/Cloud 安装（模块 5-3）

   安装模块 5-2、模块 5-3 中设计的系统，大数据项目中，这项工作一般由供应商完成，很少由企业自己安装。

8.8 大数据治理设计与构建（模块 6）

其实并不存在单独的大数据治理，可以将这部分内容视为传统数据治理的一种延伸。治理数据时，结构化数据与非结构化数据并没有区别，传统数据治理基本也包含大数据治理。但大数据项目中，个人身份信息、位置信息、CCTV 监控拍摄到的个人图像、个人健康数据等信息都必须经过本人同意才可以进行采集，必须为此制定一定的规则标准并加强相关管理，以确保大数据技术不会侵犯个人隐私。

8.8.1 数据治理设计与构建（模块 6-1）

只要沿用传统数据治理设计进行构建即可，设计时应该将元数据、隐私数据、数据质量、主数据管理、信息寿命周期管理等方面作为重点。

近来，人们对大数据技术侵害个人隐私的忧虑渐增，所以收集、存储和处理个人信息数据时必须征得顾客的同意。同时还要建立健全处理过程中相关的规范制度，防止个人信息泄露。此外，对于可能引发个人隐私问题的相关数据应该集中管控，从一开始就将其排除在要收集的信息范围之外。遇到这种情况时，最重要的是与业务部门进行有效沟通。

8.8.2　外部数据管理（模块 6-2）

对于外部数据，必须针对数据源、周期、方式、购买金额、条件等相关信息进行特别管理，同时还要随时了解政府机构公开了哪些有用信息，并筹划接口方案。

通信公司或者信用卡公司等企业会向外部提供自己积累的数据，对于这些数据的类型以及详细程度要进行调查，更重要的是将其与内部系统连接。

8.8.3　用户 / 访问 / 安全管理（模块 6-3）

该部分主要针对用户安全进行设计，确保不同用户组中的用户对不同数据拥有不同访问权限。Hadoop 集群的安全及访问控制方式主要有以下几种。

◆ **针对 Hadoop 集群的访问控制**：可以利用综合了用户 ID/ 密码、安全令牌、生物识别等功能的 Kerberos 和 LDAP（Lightweight Directory Access Protocol，轻量目录访问协议）等实现。

◆ **数据安全**：加密数据，或通过进行凭证化（Tokenization）处理及数据屏蔽（Masking）等方式实现，但需要使用专门的工具。

◆ **访问安全**：指定用户、应用程序和数据的访问内容，特别是许可、授权等信息非常重要。目前有 Apache Sentry（正在培养的开源工具）等开源组件可供使用。

◆ **可视性**：生成数据来源及使用情况的总体报告。需要数据审计
与谱系图。

- 在"大数据"话题热度日益高涨的当前，推出大数据项目构建方
法将对如何引入大数据系统有着很重要的指导意义。将本章介绍
的内容与前面提到的大数据项目主题选择方法结合使用，能够帮
助我们更好地构建大数据项目。

- 大数据项目中，大数据行动规划的制定、大数据系统应用的评估
以及大数据组的组织结构是非常重要的，所以进行项目决策时必
须仔细考虑。

- 负责大数据分析工作的分析组与承担数据、系统构建的 IT 组要紧
密合作、加强沟通，这是大数据项目成败的关键。对大数据项目
本身而言，也要求各工作组之间进行大量沟通。

- 业务分析专家应当参加大数据分析工具相关培训，必须学会在项
目中灵活使用分析工具。迄今为止，业务人员在数据分析项目中
只是提出需求，然后由外部公司承担实际工作。因此，项目结束
后，他们无法对已经构建的数据挖掘模型进行维护和升级。这说
明，大数据项目必须使实际业务分析人员直接参与其中，学习大
数据处理与分析方法。

- 大数据系统相当复杂，相关技术目前仍处于发展初期，所以运行
过程中不可避免地会发生错误。与其初期进行大幅投入，不如为
了降低风险和减少成本而使用公共云构建初期大数据系统。

大数据小问答

大数据项目构建方法为何重要?

❶ 因为大数据项目提案书中必须包含

❷ 为了更好地构建大数据系统

❸ 为了给参与项目的工作组分工并加强沟通

❹ 为了准确反映客户对大数据项目的要求

答案：❸ 构建大数据系统需要很多人员和工作组的参与和配合。需要从整体角度对各工作组的工作、整个系统的分析、构建、应用及变化管理等相关内容达成共识，才能成功构建大数据系统。

依据大数据项目构建方法，大数据项目的PM应该由谁担当?

❶ IT 咨询公司

❷ 分析咨询公司

❸ 开发公司

❹ 大数据咨询公司

答案：❹ 大数据咨询公司掌握大数据 IT、分析及商业等相关知识，所以应该由其担当大数据项目的 PM。

测验题 3 以下叙述错误的是?

❶ 分析组所说的"数据集"是指"数据表"。

❷ 分析组所说的"项"是指"列"。

❸ 分析组所说的"实例"是指"行"。

❹ 分析组所说的"算法"是指数据建模方法。

答案: ❹ 算法指的是数据挖掘算法,与大数据建模方法毫无关系。

测验题 4 大数据组织运营时,大数据组在A-type组织形式下负责分析工作,请说明这种组织形式的缺点。

答案: A-type组织只根据业务人员的需求分析大数据,所以业务人员获得大数据分析结果后,很难将其应用于实际业务,大都只用于报告。大数据工作组与大数据系统应用环节相脱离,所以很难看到大数据产生的实际效果,这是我们必须避免使用的组织结构形式。

BIG DATA

附录

通过行业大会了解
大数据技术发展趋势
(Strata Hadoop World 2014 &
Teradata PARTNERS Conference 2014)

下面是我参加 2014 年 10 月的 Strata Hadoop World 2014 与 Teradata PARTNERS Conference 2014 会议现场的一些相关记录。通过这些大数据行业国际会议，我了解大数据技术现状及未来发展趋势的同时，也对今后韩国大数据产业发展的方向进行了思考。

Strata Hadoop World 2014

第一天

　　每年在美国纽约召开的 Strata Hadoop World 是世界最大的大数据行业盛会，与会期间，参会者能够了解大数据技术领域最新的发展动向与趋势（2014 年 10 月 15~17 日，纽约贾维茨会展中心）。这场盛会是了解大数据技术未来发展方向的最好平台，所以我动身前就已经充满期待。Strata Hadoop World 由 O'reilly 出版公司（主要出版 IT 技术图书）与 Cloudera（Hadoop 解决方案供应商）共同主办，为期 3 天，第一天主要针对特定主题进行培训座谈会，第二天与第三天正式召开会议。

图 1　第一天的注册现场，入场券全部售罄

10 月 15 日是大会第一天，这天的培训内容中，有很多我非常感兴趣的课题，比如 Spark、Hadoop 架构、数据科学、物联网、Cassandra 与 Spark 时间序列分析、数据平台等。因为主要想了解培训中对各主题的讲解深度，所以我并没有花费一整天听取一个培训，而是旁听了每个培训。下面是第一天课程的相关记录及我的感受。

美国已经从"为什么是大数据"（Why Big data）阶段进入"如何做大数据"（How to do Big data）阶段

从某种角度看，这的确是很自然的事情。但站在刚刚开始发展大数据产业的韩国立场看，美国在大数据领域的发展是相当超前的。培训课程中提到了将数据加载到 Hadoop 的多种 ETL 方法及经验，通过大家的积极讨论与众多提问，我感受到他们每天都在使用大数据，并且具有很强的问题意识。此次大会上，没有人提及"为何要用大数据，应该将大数据系统应用于哪个领域"等问题，大家更关心的是如何才能进一步提升性能、使用哪种算法能够得到更准确的结果，以及应该如何创建更好的 Hadoop 架构等。

Hadoop 目前是"明显的胜者"（Clear winner）

从大会名称本身就可以很自然地得出以上结论，但大数据解决方案有很多，哪种方案在今后会得到继续开发是最关键的问题。从这个角度看，Hadoop 作为大数据基础设施的地位已经确定无疑。

商业 Hadoop 比 Apache Hadoop 更常用

商业 Hadoop 与 Apache Hadoop 自主开发的模块一起销售，销售软件许可证制度与提供 Hadoop 维护服务的制度共存。但不同供应商之间仍然存在差异，Cloudera 公司同时推出了许可证制度和维护制度，而 Hortonworks 则只支持维护制度。

与缺少维护人员与用户企业的 Apache Hadoop 相比，美国企业更喜欢使用商业 Hadoop。在韩国，企业考虑项目成本时，会比较供应商的维护成本与免费的 Apache Hadoop；而在美国，人们则会将其与甲骨文等 RDB 企业的维护成本进行比较，这种差异很有意思。

Spark 极受关注

今年，Spark 升级成为 Apache 的顶级项目，在全世界范围内倍受关注。Spark 延用了 Hadoop 的 HDFS 文件系统，所有数据在内存中进行处理，所以处理速度相当快。Spark 作为 Hadoop 的补充方案吸引了众多眼球，它最初诞生于伯克利大学，当时的开发人员后来成立了 Databricks 公司，这家公司现在在硅谷备受瞩目。这次培训课程也专门为 Spark 安排了一天的主场培训。目前，Databricks 公司已经收到很多来自商业 Hadoop 公司的合作邀请。

最关键的一点是，Spark 未来会在大数据领域占据什么样的地位。今后的发展中，只用 Hadoop 存储数据，而使用 Spark 进行重要查询与数据处理？还是在 Hadoop 中借助 SQL On Hadoop 处理重要查询或数据？此外，将 Spark 处理的工作与 SQL On Hadoop 处理的工作进行区分后，将来是否都可用？这些都是人们非常关注与好奇的问题。

传统 RDB 中的信息业务正在迁移到 Hadoop

造成信息业务迁移的原因有两点：第一，与 RDB 相比，Hadoop 的软件 / 硬件价格更低；第二，数据表增大到 TB 级别时，无法在 RDB 中处理，而在 Hadoop 中则可以。正是这两点原因使 Hadoop 在韩国得到了迅速应用，所以韩国大型企业数据仓库中的数据与数据处理部分也逐渐迁移到 Hadoop。特别是一些对结果值精确度要求不高的部分，可以直接将其迁移到 Hadoop。因此，毫无疑问，Hadoop 已经逐渐成为数据的基础设施。

仍需努力缩短数据科学与 Hadoop 阵营的距离

有关数据科学的座谈中，人们谈论的主要是分析算法、机器学习、自然语言处理等。曾经有人将 NoSQL DB 的 Cassandra 与 Spark、Spark Streaming 等结合进行时间序列分析，这是非常好的尝试，因为数据科学的核心就是数据分析，以及提出最佳的数据处理软件架构。

希望韩国相关人员以后也多进行一些这样的尝试。

"大数据 + 物联网"的必然结合与持续探索最优架构

众所周知，大数据技术的杀手级应用程序是物联网。随着物联网时代的到来，想要灵活应用物联网技术就必须有数据处理平台作为支撑，这个平台就是大数据平台。那么处理物联网的大数据平台是什么样呢？简言之，它必须支持大容量数据的实时处理，同时还要支持对非结构化数据的分析。因为与事后进行处理的大数据特性不同，物联网更加注重对数据进行实时处理，其主要分析方向为实时视频分析和机器学习等。

虽然只通过一天的辅导课程很难对美国大数据技术的趋势形成全面了解，但我受到了很多启发，对美国这种细致、集约式的新兴大数据技术感到些许羡慕的同时，也对明天开始的正式研讨会充满期待。

第二天

翌日，即 10 月 16 日上午 8 点 45 分，Cloudera 的 Mike Olson 总裁进行主题演讲，这也正式为 Strata Hadoop World 大会拉开了序幕。本次大会由 Cloudera 与 O'reilly 共同举办，Mike Olson 的演讲在大数据市场中占据相当大的比重，所以下面进行详细介绍。

Mike Olson 眼中 Hadoop 的未来

Mike Olson 的幻灯片演示从对 6 年前的回顾开始。

"当时一个小酒店里聚集了 400 多人，而现在我们在贾维茨会展中心聚集了 5000 多人。那时，没人知道 Hadoop 是什么、Pig 是什么，所以我们不得不一一讲解自己在做的事情。但在去年，我们已经发布了企业级数据中心，发展速度真的很快。现在，Hadoop 就要消失了。

Cloudera 与 Teradata 达成了合作关系，携手致力于为企业提供内部 IT 综合基础设施服务。同时，我们也与 EMC 建立了合作关系，这意味着我们会协同打造平台。Hadoop 非常复杂，所以迄今为止我们只是与 IT 专家讨论。商务用户即使进行了数据分析，也完全不知道有Teradata 的存在。对他们而言，Teradata 已经融合于数据分析，这个词已经消失了。

换言之，现在 IT 专家以外的商业用户是否知道自己正在使用 Hadoop 并不重要，因为 Hadoop 必将消失。最近，Digital Globe 的公司通过分析人造卫星拍摄的尼日利亚'博科圣地'恐怖分子大本营的资料，预测了遭到绑架的女中学生分布的 14 个地点，其中 9 处是非常准确的。

根据高德纳公司的统计，目前有 73% 的企业准备引入大数据技术，市场规模可以达到 1 万亿美元。为了抓住这个机遇，我们必须为商业用户提供更好用、更强大的工具。"

Mike Olson 的幻灯片为我们指出了 Hadoop 今后的发展规划。为了让企业能够更好地接纳并引入大数据系统，Hadoop 必须做出改变。

如果 Hadoop 还保持刚开发时的高难度以及与企业传统 IT 设施完全不同的形态，将很难生存。Mike Olson 在演讲中提到了 Hadoop 需要改变的必要性，明确指出为了更好地服务于商业用户，Hadoop 必须果断做出改变。Cloudera 与传统 EDW 巨头 Teradata 将达成合作，这也可以表明 Hadoop 要进入传统 IT 基础设施环境的决心。

事实上，迄今为止，Hadoop 阵营中充斥着过多技术性元素。大量复杂的开源软件都得到单独开发，而这些软件与企业传统的基础设施间存在很大差异。由于受到陌生用户环境与多样化开发环境的影响，很多企业不愿意使用 Hadoop。

针对商业用户提供良好用户体验

我在第二天的培训讲座中可以感受到，为了克服 Hadoop 复杂且困难的特点，提供更友好的用户体验，并将其与企业传统 IT 基础设施结合，形成统合共生的局面，众多供应商和技术人员都在为之努力。目前，面向商业用户的产品正得到陆续开发，其中一家名为 ClearStory Data 的公司推出的解决方案十分引人注目。除此以外，Platfora 也推出了基于 Spark 的数据处理、分析、可视化一体化工具。如果用户使用环境非常友好，那么商业用户使用时就不会产生排斥心理，也就意味着用户无需知道系统背后运行的是 RDB 还是 Hadoop。这些企业创立才不过3 年时间，但已经获得了外部投资，企业规模也急速壮大。

大会还安排了大量客户发言环节，投资银行高盛集团、Transamerica

保险公司、欧洲粒子物理研究所（CERN）、美国信用评估公司（FICO）都分别派代表宣讲了有关大数据系统应用的案例。

人们更需要多分享个人见解

据统计，约有5500人参加了这次会议。从Hadoop的市场规模看，可以说与会者众多，但如果与其他IT会议相比，其实规模并不大。从某种角度上说，可以将Hadoop会议的内容、召开日程、规模视为预估未来Hadoop市场发展的标尺。会议第二天，与之前的满怀期待相比，实际会议中的某些内容让人略有些失望。因为大部分创业公司都将参会重点放在宣传自己公司的解决方案上。当然，既然企业支付费用参会，自我宣传肯定是非常重要的，但如果太过偏重于此，将使会议偏离初衷，降低档次。同时，考虑到各方与会者为3天会议日程支付了2500美元的参会费，那么站在准备引入大数据系统的客户立场看，他们当然希望会议拿出更多时间分享大数据系统引入经验，交流对"大数据"的见解、看法。但不得不强调，Cloudera的Mike Olson总裁的出色演讲为我们勾画了作为大数据技术之基础的Hadoop的未来发展方向，这是非常有价值的信息。

第三天

本次会议的最后一天，众多演讲都强调了有关大数据技术社会责任的问题，同时也讨论了很多创意新颖的大数据系统应用方案。

应用大数据技术时引发的个人信息安全问题

Cloudera 的 Eli Collins 总裁在会议上说：

"目前，大数据技术已经大量应用于各种商业用途，我们开始努力将大数据系统应用于更多公益领域。现在，英特尔已经将大数据系统应用于帕金森病的治疗，此外，各种疾病的治疗过程也都已经开始使用大数据系统，甚至涉及气候变化和教育需求领域的预测。为了完成这些工作，需要大量的数据支持。比如，如果可以收集全世界能源消耗与产品制造供应链上的所有数据，就能预测气候变化。曾经有人设想，如果收集全世界所有学生的学习数据以及所有教师的相关数据，就可以对不同地区、不同学生应该采取的教育方式进行预测。但这个尝试最终以失败告终，因为这样即可预测教师供需，之后会造成教师薪资的缩减以及侵犯学生的个人隐私。大数据系统的应用能够给世界带来很多便利，但另一方面，大数据技术引起的隐私侵权问题也相当严重。那么，我们应该如何避免呢？收集与应用大数据时必须保证其透明性（Transparency），应当明确公开个人信息的收集、应用过程，同时还要收集错误使用大数据技术的案例，并予以揭发。"

大数据也有可能得到错误的收集与分析

演讲中，Hidden Brain 一书的作者 Shankar Vedantam 称：

"美国人为何坚信伊拉克的萨达姆·侯赛因拥有化学武器？对伊战

争胜利后，美国人试图寻找伊拉克的化学武器，但最终并未找到，所以对外宣称'侯赛因将化学武器隐藏到其他地方'。美国议会中，民主党大谈在美国境内发现埃博拉病毒的责任，称'这是共和党削减预算导致的'，而共和党却认为造成这一局面的原因是松懈的边境政策产生大量非法移民引起的。这些都是人的大脑收集大数据后进行判断的优秀案例，但人脑收集数据时具有选择性，它只收集那些能够证明自己信念的数据，对自己不相信的事物的相关数据则置之不理。虽然大数据非常重要，但由于人类的信念和观点具有一定的偏向性，所以可能造成大数据本身收集错误，基于这些数据形成的分析结果也就不再具有普遍适用性。"

我认为，虽然这是很中肯的意见，但这一问题并不是"大数据"特有的。统计分析时，也有可能出现数据收集错误、数据分析错误和对分析结果判断错误等多种问题。在这一点上大数据也不例外，而且由于大数据分析以大数据作为分析对象，所以出现错误的可能性会更大。事实上，在我们周围经常能发现有关选举或政治方面的大数据分析结果与事实相差甚远的情况。正如 Shankar Vedantam 所言，为了反映特定群体的见解，对该群体进行的大数据收集与分析结果可能完全不同。

借助大数据分析人类情感

出身于 MIT 媒体实验室的 Rana EI Kaliouby 创立了 Affectiva 公司，该公司进行的人类情感数据分析震惊了全世界。情感分析对 200

万个面部表情、15 000 家媒体中出现的 80 多个国家或地区的 70 多亿个感情数据进行了分析，并分析了人们对 300 多个品牌的情感表达。这家公司得到人们的许可后收集了数据，公司经理 Kaliouby 指出，分析情感数据可以推测人们对某个品牌的建议、质疑、样貌、外观等所持的态度，准确率可达 90% 以上。除此以外，还可以对人们观看广告时表现的情感，或者文化差异造成的表情差异进行分析，并根据人们的情感推荐商品，或者通过个人情感分析传递最适合的信息。迄今为止，涉足该领域的公司并不多，所以对视频、面部照片、表情等非结构化数据的分析具有很高的应用价值。Affectiva 公司创立于 2009 年，短时间内已经累计获得 2190 万美元的投资，今后推出的产品与解决方案非常值得期待。

大数据行业现状

在世界范围内数据科学家紧缺但需求很旺盛的情形下，微软开发并发布了基于云的 AaaS 服务。现在，世界上的一切几乎都可以在网上交易。微软在已有的 Azure 中启动了云机器学习服务，同时还支持开发人员将自己开发的在线商品推荐或防欺诈算法等应用上传到网上商店进行共享。

除此之外，Trandalytics 公司的总裁 Karen Moon 的演讲也给人留下了深刻的印象，这家公司通过分析非结构化数据预测时尚流行趋势。SNS 领域的领头羊 LinkedIn、线上影视服务公司 Netflix 以及健康保险公司 Kaiser Performante 等企业的代表也分别介绍了自己公司的案例。与第二天相比，第三天的内容非常丰富，通过这些内容能够预测大数据行业的发展方向。

通过 Strata Hadoop World 2014 预测大数据市场

我总结了 Strata Hadoop World 2014 大会的内容，并对未来大数据市场做出了预测。

1. 目前提供的服务都以 Hadoop 为基础，根据企业客户的需求进行修改。与现在的方式相反，未来提供服务的方式则是针对不同公司分别开发适合的解决方案，也就是说，普通企业只需购买开发好的产品即可，这也是未来的发展方向。

2. 大数据技术领域将继续以 Hadoop 为中心向前发展。Hadoop 的开发仍以 Apache 软件基金会为中心进行，而其他诸如用户界面、分析等功能则将因为开发公司的不同向着不同方向发展。这意味着，首先，Hadoop 虽然继续保持开源，但最终每个公司都会开发并销售不同版本的 Hadoop；其次，以 Apache Hadoop 为基础出现多种解决方案，这些工具主要针对商业用户研发。

3. 伯克利大学开发的 Spark 现在与 Hadoop 集成，并针对不同商业用户开发多种工具，它将成为默认引擎。

4. SQL On Hadoop 领域将持续向前发展。与选择 Spark 使用的方向截然不同，SQL On Hadoop 产品主要用于与传统数据仓库集成，将大量数据仓库处理工作转交给 Hadoop。

5. Hadoop 大幅度强化了目前 RDB 的众多安全功能，如列安全、数据可见性（visibility）、数据追踪、访问日志、审计等，这意味着大数据治理领域已经出现相关解决方案。此外，也预示着即将出现用于在数据中心管控多个 Hadoop 系统的软件。

6. 未来，传统 IT 信息系统领域将会出现巨大变革。出于运营并升级自身原有数据仓库的目的，将会有众多企业积极引入大数据技术。值得一提的是，大数据技术目前在美国已经开始广泛实施。

7. 虽然将大数据与物联网融合的尝试随处可见，但因为现在有需求的领域都已经引入相关系统，所以推广很缓慢。基于传感器的道路、汽车、气候监测、工厂、科学研究所等领域都计划或已经引入大数据系统，所以基于 Beacon 的物联网与相关应用程序的发展会相对缓慢。

8. 随着大数据系统应用范围越来越广，其侵犯隐私的问题也将不断出现。要想避免这个问题，最重要的是在大数据采集、存储、应用等过程中都保持透明度。政府、大数据用户、解决方案提供商以及民众应该自发地积极制定相关规定，并严格遵守。然而从实际情况看，由于其中牵涉到当事者的利益，所以相关问题很难在短期内解决。因此，只要我们还在使用大数据技术，侵犯个人隐私的问题就会一直存在。

对于"大数据技术是否会成为企业 IT 技术的主流"这一问题，Strata Hadoop World 2014 大会并未给出明确解答。但通过这次会议可以肯定的是，人们一直在朝着这个方向努力，并且离这个目标越来越近。这 3 天的会议日程让人感到，始于 Apache Hadoop 的开源代码未来有可能发生根本性的变化。

Teradata PARTNERS Conference 2014（Teradata 合作伙伴会议 2014）

第一天

下面介绍美国田纳西州纳什维尔举行的 Teradata PARTNERS Conference 2014（2014 年 10 月 19 日 ~23 日，纳什维尔奥普里兰会议中心）。事实上，作为 Teradata 的员工，我很难站在完全客观的角度看待 Teradata 的这次活动。但由于上一周恰好参加了 Strata Hadoop World 2014，我认为比较二者是非常有意思的，所以为大家介绍这次本议时会尽量保持客观立场。

首先，从规模上看，Teradata PARTNERS Conference 比 Hadoop World 的规模更大。纽约 Hadoop World 会议的参会者主要是 30 岁 ~40 岁的人群，而 Teradata PARTNERS Conference 会议的参会者则以 40 岁 ~50 岁的人为主。截至目前，Hadoop World 大会已经举办了 8 届，而

Teradata PARTNERS Conference 已经召开了 14 届。纽约举行的 Hadoop World 会议主要内容是供应商介绍自己公司推出的解决方案及相关经验，而纳什维尔的 Teradata 活动则由客户分享、讲解自己相关经验的 100 多场座谈组成，这也正是 Teradata PARTNERS 这一名称的由来。

图 2　正在举行 Teradata PARTNERS 的纳什维尔奥普里兰会议中心

　　10 月 20 日的 PARTNERS 活动中，美国最大保险公司美国全国保险公司（Nationwide Insurance）的副总裁 Kathy Koontz 首先进行了演讲，她也是本次 PARTNERS 活动的主席。Koontz 副总裁介绍了美国全国保险公司如何借助数据和分析改变企业经营模式，这是客户企业代表在本次会议上进行的首次演讲，令人非常感兴趣。

图3 美国全国保险公司副总裁 Kathy Koontz 进行主题演讲

eBay：分析并运营海量数据

众多客户企业中，最引人注目的是在线购物网站 eBay，它不仅拥有容量高达 15 PB 的基础数据仓库，用于处理奇点（Singularity，Teradata 的 Aster）等半结构化（Semi-structured）数据的系统容量可达 36 PB，用于处理非结构化数据的 Hadoop 系统容量可达 50 PB。此外，它每天处理的数据量高达 250 TB。从规模看，eBay 运营着全球规模第四的大数据系统。eBay 的三个分析系统并非单独运转，它们完全集成进行大量数据分析与探索。

此处有必要介绍分析与探索的不同。传统数据仓库根据已经确定的思路将数据制成模型，进而分析；而探索则与此不同，上面提到的奇点与数据之间没有设定好的观点条框约束，可以自由探索，进行查找数据间关联、根本原因（Root cause）等"探索性分析"（Exploratory analysis），这非常有助于探寻数据背后的商业联系。比如，eBay 每个画面区域都配置有相应的产品经理，公司会根据他们的数据分析结果决定增加或减小页面中相应区域的大小。各产品经理需要对自己负责区域的销量进行基本分析，还要分析该区域相关的所有数据，并探究它们与商品销售之间的联系。为了升级改善自己负责的区域，产品经理要不断进行 AB 测试，这项测试用于分析画面发生变化时顾客的喜恶程度。进行 AB 测试前，需要依据不同观点创建 4200 个方案。并且，由于不同国家顾客的喜好差异，测试还要按照国别分别进行。

演讲中还列举了应用 Hadoop 的案例。销售者上传产品图片后，观察客户对产品图片的背景、质量、内容等各因素的反应，然后研究产品照片分辨率、背景等与销量之间的关系。分析结束后，将分析结果反馈给销售者，以使其调整图片背景与像素值。

为了进行密度更大、更准确的分析，必须创建数据集市。但创建数据集市有一个缺点，同时存在多个数据副本时，可能导致结果值不同。eBay 拥有 1000 多个数据集市，为了解决彼此之间结果值不同的问题，它使用名为 Teradata Lab 的虚拟数据集市，该方案就像复制数据一样方便。eBay 认为数据分析是企业发展的根本，它分析并运营海量数据，其发展模式及思路为其他企业提供了重要启示。

数据仓库与 Hadoop 的关系

虽然 Hadoop 不能完全取代传统的数据仓库，但企业引入 Hadoop

技术仍然有很多好处。首先，Hadoop 性价比非常高，在维持传统数据仓库结构不变的情况下，能够以较低价格提升数据仓库的性能。其次，使用 Hadoop 可以处理在传统数据仓库中无法处理的非结构化数据和实时流数据。

只使用基于 RDB 的单一数据仓库结构无法对非结构化数据进行分析，而且分析深度也达不到预期要求。为了解决这一问题，必须引入 Hadoop 系统。像 eBay 一样，使用没有固定框架且可以进行多种探索性分析的 Aster Discovery 平台，将在传统数据仓库中要耗费长时间的工作转移到 Hadoop，这就是所谓的 Offload 方式。我认为，现在应当考虑将 Hadoop 与 Discovery 平台引入传统数据仓库。

参加 Teradata PARTNERS 会议让我感触很深，美国企业已经在广泛使用 Hadoop 系统了。灵活使用 Hadoop 与 Discovery 平台可以完成以前无法进行的大数据探索性分析，解决我们容易忽视的与商业相关的细微问题，这本身也是非常有意思的事。最让人惊讶的是，现在大部分企业都已经认识到，只有通过数据分析不断推动企业变化与创新，才能使企业生存下去。美国企业认为引入大数据系统并不是最终目的，如何分析大数据并将分析结果应用于实际的商业活动才是关键所在。

第二天

众多案例中，最引入注目的是通用汽车公司的案例。通用汽车公司 2009 年破产后，2010 年重返股票市场并获得成功。通用汽车公司目前在全世界 120 多个国家和地区共拥有员工 20 余万名，旗下拥有 11 个汽车品牌以及 168 家汽车生产厂。公司规模如此巨大，其 IT 系统只能采用分布式结构运营。通用汽车公司拥有超过 200 个分布式数据集市和 4 万多个应用程序数据接口，系统结构十分庞杂。整合信息需要大量人力，所以各业务部门都分别运营着 IT 小组（Shadow IT operation）。

通用汽车公司的全新 EDW 架构

Randy Mott 是通用汽车公司 CIO，他认为，快速提供整合信息是通用汽车公司进行革新的最佳道路。因此，通用汽车公司用了 3 年时间构建全新的综合信息系统，以解决前面提到的各种问题。通用汽车公司整合了传统 EDW、Hadoop 以及探索平台，形成了全新架构。

通用汽车公司宣称，通过全新架构的 EDW 可以"整合、汇聚全球数据，分析、探索后创造更大的商业价值"。这种说法看似顺理成章，但想要实现这一目标并不容易。为此，通用汽车公司提出如下原则，我将进行详细介绍，希望可以为那些想升级传统 EDW 系统的企业 CIO 提供参考。

▶ 以遍布全球的通用汽车公司的高级数据为基础，创建一个稳定、综合的 EDW。

▶ 构建最灵活、快速，且具有高扩展性和高可用性的分析环境。

▶ 将结构化、非结构化、复合数据等数据以未经加工的原始数据（Atomic level）形态进行存储，并对这些数据进行分析、探索，为快速进行商业决策提供依据。

▶ 构建可以实现各部门独立管理的多租户环境，使用标准化业务分析工具，使业务人员可以自己分析、汇报数据。

▶ 在公司高管的全面支持下，通过大数据治理和相关管理政策的保障，提高数据质量。

▶ 借助灵活的安全框架，对信息访问进行管制，保护数据安全。

通用汽车公司构建系统时严格遵循了这些原则，图4是通用汽车公司全新 EDW 的架构图，因为我在现场没有获得资料，所以只能提供自己使用手机拍摄的图片。画质不太好，希望各位谅解。

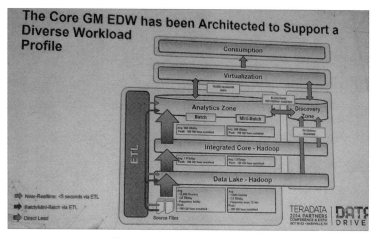

图 4　Core GM EDW architecture

宣讲人：通用汽车公司公司 EDW 总负责人 Brett Vermette

从图中可以看出，传统 EDW 中没有接收并处理数据的多样化平台。另外，其中的"数据湖泊"部分可能会让大家感觉有些陌生，引入它的目的是为了加快数据收集速度，提高数据整合效率。数据湖泊主要用于接收高速产生的超大量数据。与 RDB 不同，Hadoop 内的数据类型不需要事先确定架构，所以能够直接接收外部产生的数据。每天大约有 3 TB 容量的数据存入数据湖泊，其中只有 1 TB 的数据进入整合内核。而这 1 TB 数据中，每天会有 500 GB 左右的数据进入分析系统与探索系统。正如在 eBay 案例中看到的一样，数据分析与探索有着明显的差异，它们分别对应不同系统，需要单独构建。该系统可以支持 1 万人同时在线使用。消费（Consumption）部分的术语让人略感陌生，其含义是，各业务部门可以选择自己熟悉的分析工具直接加工、分析自己业务的数据。

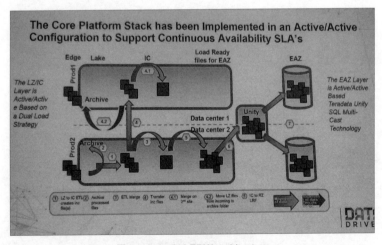

图 5　Core GM EDW architecture

宣讲人：通用汽车公司公司 EDW 总负责人 Brett Vermette

通用汽车公司的全新 EDW 架构中，让人惊叹的是构成 EDW 的核心平台的双重化。据说这是因为受到业务部门与系统服务合约（SLA）的影响，所以分别创建了两个数据中心。

事实上，传统运营系统中，双重化的做法很常见，但采用双重化的形式构建 EDW 还是首次。这种新鲜尝试不免会让人感觉有点陌生，但这也充分证明了数据分析与探索对通用汽车公司的重要性。

通过通用汽车公司的案例，我能够感受到他们强烈的自信心。这不仅体现在他们用详细的架构图讲解自己 3 年的思考过程，而且这些看起来年龄已经超过 50 岁的人依然对 Hadoop 这种新技术毫不畏惧，实在令人敬佩。当然，不仅是通用汽车公司的代表，其余所有演讲者都具备这样的共同之处。如果新技术是我们必需的，那么无论年龄大小都应该积极学习并使用。他们这种强烈的意志让人印象深刻，敬佩不已。

第三天

下面为大家介绍沃尔沃汽车的大数据系统应用案例，这个案例其实非常有名。沃尔沃汽车通过应用信息技术数据（Telematics data）成功减少了汽车召回的数量，具有划时代的意义。通过大数据技术，现在销售 1000 辆汽车即可发现过去销售 50 万辆汽车才能发现的缺陷。

沃尔沃大数据系统应用案例

这次演讲的案例在质量以及公司大数据系统的应用方面都非常出

色，对难以找到大数据项目主题的韩国企业非常有帮助，所以下面将详细介绍。沃尔沃分别对各领域适合的大数据分析进行了介绍，内容如下所示。

- ◆ **产品规划领域**
  - 商业计划（Business planning）
  - 投资组合优化（Portfolio optimization）
- ◆ **产品开发领域**
  - 主动安全研究（与传感器结合）
  - 质量早期预警系统
- ◆ **制造领域**
  - 物流优化
- ◆ **经营 / 营销 / 服务**
  - 顾客细分
  - 创造销售机会（sales lead creation）
  - 网站优化
  - 电子商务
  - 维修汽车时的机器学习
  - 二手车的残值优化（Residual value optimization）
  - 对整个客户生涯价值的专利价值最大化
- ◆ **保修领域**
  - 保修分析

◆ **HR 领域**

- 员工满意度 / 积极性

- 人力资源规划（Workforce planning）

◆ **财务领域**

- 财务风险模型

- 财务审计

◆ **一般领域**

- 顾客满意度分析

- 复杂环境中自动提取 KPI

- 文本挖掘

以大数据技术方面获得的成功为基础，沃尔沃将大数据系统应用推广到整个公司。沃尔沃分析客户反馈，希望了解不同车型、市场和客户群体的客户满意度影响因素，以及顾客对汽车设计、驾乘体验、内饰、性能、用户交互、承重、燃油经济性等方面的满意程度。这些问题的答案并不是通过问卷调查获得的，而是通过收集、分析多种数据得来的。

保修分析将不同的故障修理和相关的季节因素、制造日期、地理特征以及经销商的维修费用等关联进行。

创造销售机会方面，将灵活运用移动终端和网站进行营销作为数字销售的一环进行推广。换言之，对顾客访问沃尔沃网站时浏览的车型以及跳转到哪个页面索要指定车型的宣传册等数据进行分析。通过

Teradata Aster 的 N-path 进行的分析可知，顾客充分了解汽车参数、内部结构、功能后，接下来就会索要宣传册。此处提到的 N-path 分析是指以可视化方式对顾客购买行为的阶段及各阶段经历的过程进行分析。

最让人感兴趣的是对二手车残值的计算。不同地区的二手车价格存在差异，考虑到这些差异和汽车运输的成本，通过优化模拟计算得出能够获得最大收益的销售场所和销售时间。

沃尔沃公司的演讲中还列举了他们进行大数据项目时遇到的问题，具体如下。

第一，数据质量。数据质量是处理数据时经常遇到的问题，也是给数据分析人员造成最多困扰的部分。这一点上，大数据系统也不例外。

第二，主数据管理问题。很多系统中，出现数据重复就会产生该问题。它经常发生于普通数据仓库，在大数据系统中也不例外。

第三，确保用户访问数据时能够对数据获得一致理解，并且寻求可以使业务人员不必使用 SQL 也能够直接加工数据的方式。沃尔沃正在构思解决方案，以将准确数据适时提供给相应用户层。

第四，确保商业与分析能力。商业相关知识、高级分析能力、数据处理能力、经营与业务整合能力、架构知识、创意与抽象思维能力等，都是必须具备的。

最后，大数据项目不断产生新的流程并改变商业模式，随之而来的变化管理就变得相当重要，这些变化管理的重要性绝对不可轻视。

图 6 沃尔沃汽车公司宣讲人：商务主管 Jan Wassen

沃尔沃的演讲中公开了一些深度分析的内容，也介绍了期间遇到的困难。虽然无论哪个企业进行大数据项目时都会遇到这些问题，但沃尔沃汽车公司坦率地指出了这些内容，值得我们为之鼓掌喝彩。

Teradata 的统一数据架构

Teradata 融合了客户需求和建议，开发了整合传统 DW 与大数据技术的 UDA（Unified Data Architecture）架构，该 UDA 架构已被 eBay、通用汽车公司等采用，可以称为大企业的新一代 EDW 架构。

首先，新一代 EDW 通过 Hadoop 收集大数据，这也称为数据湖泊。Hadoop 无须定义数据格式就可以向其输入数据，即收集数据时完全不必区分数据形式。

在数据湖泊中提炼数据时，结构化数据先进入传统 Teradata，然后进入 Teradata 的 Aster，以便日后探索数据。Aster 中，通过 QueryGrid 工具，可以使用 SQL 语言在传统 DW Teradata、Oracle DB、Cloudera Hadoop、Mango DB 等完全不同的平台中执行连接与查询操作。这种跨平台查询方式比 SQL On Hadoop 更进一步，也是新一代 EDW 的必备功能。Aster 拥有数据预处理、统计分析、机器学习、自然语言处理、情感分析、网络分析、GIS、可视化等强大功能，用户还可以根据自身需求组建自己的分析模块。Teradata 完成了 UDA 的开发，并提出构建新一代 EDW 的解决方案，这些功能在 eBay 及通用汽车公司的系统中已经变为现实。

最后一天

会议最后一天，Teradata Labs 负责人 Rob Armstrong 以自己在数据库、Hadoop、数据仓库、大数据技术等方面积累的丰富经验为基础，在演讲中为我们指出了成功的数据仓库应具备的 7 种特征。无论大数据系统还是数据仓库，构建的最终目的都是为进行科学的企业决策服务。因此，大数据项目与数据仓库项目进展的整个过程中，设计架构、应用、变化管理等环节都要保持一致，以便为决策提供可靠依据。演讲要点整理如图 7 所示。

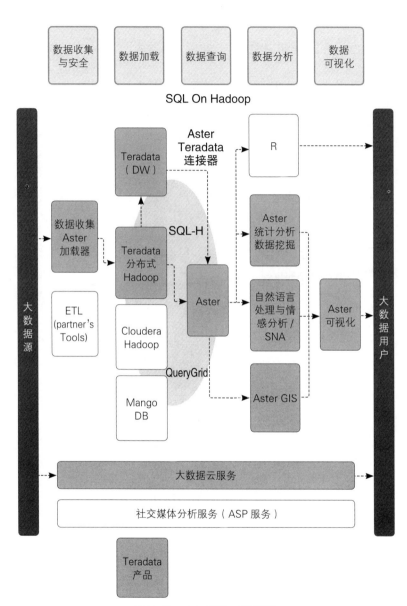

图 7　Teradata 的统一数据架构

对大数据排序以帮助决策

"由于数据仓库的功能、报表、分析等都在不断变化，所以要避免只针对特定用户组的建模方式。时间就是金钱，所以必须在指定时间内给出分析结果。真正的智慧不是知识而是想象力，由于用户需求经常变化，所以进行系统架构时，必须充分考虑其灵活性。同时避免进行对决策没有帮助的报表或分析工作，构建业务人员可以自行分析的环境。要从分析结论出发审视数据，我们所讲的'治理'并不是管制，而是根据目的进行引导和协助。与其出现问题后才补救，不如提前预防。在实际环境中定期测试前，故障恢复（Disaster recovery）设备不是个人的。用户有时可能认为这方面的培训费用很高，那么可以将培训费用与没有使用系统时发生问题需要付出的代价进行比较。通过这种比较，用户就会自觉地为培训做准备。进行大数据项目时，从哪里开始并不重要，重要的是在哪里结束。做出决策并付诸商业行动后，要对结果进行评估分析，以确定最终创造了多少商业价值。"

SQL On Hadoop 领域值得关注的产品

近来，SQL On Hadoop 领域中出现了许多产品，我认为很有必要对其进行比较。Hadoop 以 Map and Reduce（以下简称 MR）方式进行处理，但采用这种方式开发时需要编写大量代码。即使编写一个统计某文件内单词数量的简单程序，也需要超过 100 行代码。由于 MR 不能在一般企业的 IT 环境中使用，所以需要将所有 IT 人员都会用的 SQL 整合到 Hadoop，这就形成了 SQL On Hadoop 领域。SQL On Hadoop 工具就是指 Hadoop 中可以使用的 SQL 系列产品。Hive 可以很好地支持 SQL，它也属于 Hadoop 的内部软件。处理 SQL 的方式、对 SQL 的支持程度、使用 MR 还是特有处理方式以及如何使用内存等存在不同，导致 SQL On Hadoop 众多产品间也存在很多差异。SQL On Hadoop 的目标是使用户可以轻松使用 SQL，提供比传统 Hive 更高效、高速的性能及运行速度。支持的 SQL 必须兼容传统的 Ansi SQL 92，同时还要具备良好的扩展性。所有 SQL On Hadoop 都不支持 SQL 的更新操作，一方面因为 Hadoop 中没有"升级更新"这一概念，但更主要的是，如果允许在 Hadoop 中更新，那么必将对其性能与可扩展性产生极大影响。

事实上，虽然 SQL On Hadoop 的概念看起来非常简单，但并不容易实现，因为这必须通过操作 Hadoop 的文件系统 HDFS 完成。特别是有多个用户同时对两个以上大型数据表进行连接操作时，想确保良好的性能就必须花费大量精力。

MapR 开发的 Apache Dril 是以谷歌的 Dremel 为模型开发的，未使用 Hadoop 的 MR 方式而使用自身特有的引擎。与之类似，Cloudera 的 Impala 也没有使用 MR 方式而采用自身引擎，它可以支持 Ansi SQL 92 与 DDL，但不支持用户自定义函数（UDF）。执行连接操作时运行速度相当快，极大地提高了内存的使用效率。IBM 的 BigSQL 也没有使用 MR，而是使用了自己的 MPP 引擎。Teradata 拥有传统 SQL On Hadoop 产品 SQL-H，但真正实现系统大幅升级的却是 Query-

Grid。Query-Grid 超越了传统 SQL On Hadoop 的概念，允许在 Teradata 数据库与 Teradata Aster 中使用 SQL，对传统 Oracle DB、Hortonworks Hadoop、Cloudera Hadoo 和 Mango DB 的数据进行处理，并执行查询操作。Query-Grid 为 SQL 连接处理提供强大支持，可以轻松整合并处理分散在各系统中的数据。它克服了传统 Hadoop、NoSQL DB 的数据处理难点，是一款非常值得关注的产品。目前，Teradata 与 Aster 可以支持 Oracle、Hortonworks 的 Hadoop，相信将来会实现对上述所有产品的支持。

个人隐私保护问题

大数据技术与个人隐私问题也非常引人关注。我对大数据技术在美国是否有侵犯个人隐私的案例比较好奇，但此次演讲中主要讨论的是世界各国制定的个人隐私保护法案，并未提到个人隐私受到侵犯的案例。从条款上可以看出，目前各国对保护个人隐私已经达成共识，条款具体内容如下。

"详细归档整理有关个人隐私的处理政策、过程及规章制度等资料，并向每个人明确传达。收集并使用个人信息前，必须征得当事人同意，当事人可以自由决定是否允许使用个人信息。收集的个人信息只能用于指定用途，当事人有权查看个人信息并要求做出修改。企业或机构将个人信息提供给第三方时，必须明确信息用途，并且征得当事人同意。企业或机构必须保护个人信息不被外部或内部非法使用，对保护个人信息的相关政策、法律的执行情况进行监控。出现个人请求或发生意外事件时，必须根据相应处置流程采取应对措施。"

这些内容与韩国个人信息保护法大致相同，由此可见，世界各国关于个人信息保护都面临类似的问题，如下所示。

▶ 缺少个人信息保护方面的负责人，或者没有保护个人信息的统一管理项目。
▶ 对访问个人信息的内部管控较弱。
▶ 缺乏处理个人信息的流程或规范。
▶ 缺乏个人信息生成、修改和使用记录，或者记录无法得到官方认可。

本次会议对个人信息保护与大数据技术的讨论只停留在一般水平上，这多少让人有些遗憾。

Teradata Partners 2014 总体上是一场高水平的大数据行业盛会，从参会企业规模和会议讨论的主题层面看都非常出色。但最值得称赞的是，本次会议借助大量案例、方法和工具对如何在数据仓库的基础上引入大数据技术进行了详细说明，相信参会的传统 IT 人员应该获益匪浅。参加 Strata Hadoop World 2014 与 Teradata PARTNERS Conference 2014 的两周时间内，我接触到了许多新的知识、想法和建议，对韩国大数据产业未来的发展方向有了更深入的思考，并探寻了相关的发展理念。对我而言，这段时间非常充实。

后记

　　如果一家企业引入大数据系统后，从老板到员工都信赖大数据分析结果，并将分析结果积极应用于企业经营、客户服务、产品制造、营销，那么这家企业绝对不会倒闭。大数据能够即时反映企业周围的各种情况，如果将这种信息（Signal）应用于企业经营，那么该企业就一定能够持续发展。

　　如果政府和公共机构都能引入大数据系统，切实遵循相关原则并依据大数据分析结果进行决策，那么国家和社会的各种问题就能得到迅速解决。此外，如果可以将政府决策向全体国民准确而透明地公开，将有助于增进政府与民众之间的相互沟通和理解。

　　"大数据"的意义远远不止于依据数据分析结果进行决策，其真正意义在于，可以使集团成员的理解与发展前进的方向达成一致，并且朝着统一的方向努力。这种力量将成为企业克服困难的原动力。

　　大数据技术是这个时代的希望，如果大数据行业能够真正深入企业和社会，那么能够有效帮助企业摆脱危机，帮助国家渡过难关。希望本书能够成为各位迈向大数据行业巅峰的指南，同时也希望各位阅读本书后可以再次思考"大数据是什么"，然后比较现在的答案与阅读本书前心中的答案。如果本书能够帮助各位消除对"大数据"的一些错误或模糊的认识，那对我而言将具有十分重要的意义。

"大数据"的漫长之旅现在才刚刚开始，真正的旅程中会遇到很多艰难险阻，我作为这条路上的先行者，希望时常可以陪伴大家，尽自己的绵薄之力为大家提供帮助。如果你在大数据项目中遇到困难，可以联系我，我将竭尽所能帮助各位。

张东麟

韩国 Teradata 副总裁

dongchang@hanmail.net

Don.chang@teradata.com

站在巨人的肩上
Standing on Shoulders of Giants

TURING
图灵教育

iTuring.cn